大是文化

U0012380

聰明工作者都會的防呆技術

ミスしても評価が高い人は，何をしているのか？

出錯時最糟的回應是「我下次會注意」！
看看工程專家如何設計工作機制，犯錯不會被罵還能獲得好評。

史丹佛大學工學博士、曾任奇異公司（GE）
的核能發電部門
飯野謙次——著　林佑純——譯

CONTENTS

附錄

關於出錯，你必須理解的事……223

推薦序一

視錯誤為無物，化失敗為不敗

文化部文創產業政策輔導顧問、英國劍橋學院
DISC國際顧問師首席教練／蔡緯昱

錄取率只有二％的湖畔大學（由馬雲及其他八位企業家及學者所創辦），校長馬雲在開學典禮上第一件事，就是對著一整班幾百億身價的入學生說：「你們來這裡，不是來學怎麼成功的，而是來聽我們怎麼失敗的！」

王品集團創辦人戴勝益曾創業失敗九次，搞到負債上億，最終跟六十六個人借了一．六億元，創立百億餐飲集團。我永遠記得他的名言：「你認真，別人就當真！」

特斯拉創辦人伊隆・馬斯克（Elon Musk），在成功之前也是一位失敗經驗豐富的老手，求職被網景通訊（Netscape）拒絕，被自己創辦的 PayPal 踢出董事會，之後成立的太空探索技術公司（SpaceX）連續三次發射火箭失敗，差點破產。而讓馬斯克成為世界首富的特斯拉，也是歷經重重失敗，並花了十五年的時間，才在二〇二〇年，股價從原本的八十八美元，漲破到八百美元。

在媒體的渲染及包裝下，我們太常看到成功的光亮面，而忽略過程中無數失敗的黑暗面。人們總是羨慕光鮮亮麗的成功，卻甚少思考一次成功背後的血與淚。如果你看過這些百億身價的企業家傳記，絕對會發現到兩個通則，一個就是他們失敗的次數，總是令人難以想像。

另一個則是，他們會從失敗及錯誤中，學到教訓、經驗與智慧，然而可惜的是，我們看到了失敗與錯誤的故事，卻很難從中有系統的學習，如何借重他人及自己的錯誤與失敗。

好在《聰明工作者都會的防呆技術》的作者，把多年來在史丹佛大學做實驗的失誤經驗，透過曼陀羅圖及心智圖歸納失敗的成因，並找出正確的應對方式，將錯誤轉為成功。

我覺得這是非常實用的一種技巧，不再讓「試誤法」，成為我們成長的唯一途徑。例如在第三章中，作者採用曼陀羅圖分析個人失敗的原因，是計畫不良、學習不足、溝通不良、缺乏注意力，還是外在干擾。接著再分析每個失敗的小成因，像是導致計畫不良的可能原因，有發生計畫外的工作、人員能力不足，或計畫太過緊湊，然後再逐一分析及檢視，從十八項的小成因中，歸納出一至三項最主要的問題，以此來解決不斷失敗及犯錯的問題。

這麼好用的方法，對我來說真是相見恨晚，因為我自己就是典型的「成功絕緣體」，國中成績總是倒數五名，高中重考，大學也重考，之後念了兩所學校，花了六年才拿到畢業證書，還是標準邊緣人，到三十歲前還是啃老族。

回頭想想，花了十八年才發現自己一路走來的失敗，都是沒有人教我如何檢視錯誤及失敗，並將其轉換為成功的養分，才會導致一步錯，步步錯。更慘的是，好像覺得自己哪裡錯了，但卻又不知道錯在哪？要是當時有人可以告訴我如何將錯誤逆轉為成功，或許就不用走那麼多的冤枉路。

因此本書讓我一讀便欲罷不能，其中作者不只運用在「做事」，也可以巧妙的使用在「做人」。他分析出溝通問題會影響工作能力，並建立起無論再怎麼粗心都不會犯錯的機制，像是養成「一確定行程，就立刻輸入行程管理 App」的習慣，這對我來說是非常重要的一項技巧。

最後讓我覺得很棒的觀念，就是「用錯誤與失敗提升個人價值」的第七、八章，這打破了華人揚長避短的文化思想，要把失敗及錯誤當成是一種成功前的資產，而不是粉飾太平。若總是覺得提出自己的失誤及失敗，就會被打負評或丟臉，如此長久下來，對自己及團隊都不會有所成長。

我常在課堂中分享：「有問題的不是犯錯，有問題的是，犯錯卻不知道自己有錯。」如果想了解為何老是失敗，為何事情總是不如己意，為何一再的很難從失敗中學習，誠摯推薦這本《聰明工作者都會的防呆技術》，相信從中一定能「視錯誤為無物，化失敗為不敗」！

推薦序二

失誤是成功的前導，出錯是解題的契機

數位轉型顧問、商業職場類型書籍說書人／我是老查

人類都有所謂的「消極偏見」（negativity bias），我們對於負面的訊息都會比較在意、感受特別強烈，但對於正面訊息就比較淡定，習以為常。這是因為在原始的環境裡，負面訊息等同於危險，在演化的過程中，迴避危險，是我們的祖先能生存下來的基本條件，也因而在基因中留下了這樣的思考模式。

我們從小在課堂上練習、做作業、考試，出錯意味著被扣分、成績欠佳、被處罰，更加重了我們對出錯、失敗的負面觀感。許多人都會擔憂，失敗之後的未來，前途可能會是一片黯淡，無法扭轉。

不過，根據史丹佛大學教授卡羅杜維克（Carol Dweck）一項針對兒童如何面對失敗的研究，發現面對失敗的態度，會強烈影響一個人的能力發展。杜維克教授讓一群兒童解一系列難度越來越高的益智題目，隨著題目的難度增加，一部分孩子對解題失去興趣，因此放棄。但有少部分孩子沒有放棄，反而隨著難度的增加越來越專注，嘗試不同的解法，甚至越來越投入，解題的能力也因而持續提升。

杜維克教授將這兩種不同反應的兒童區分為「定型心態」與「成長心態」，對於定型心態的兒童而言，他們覺得自己的能力是固定不變的，所以覺得放棄比一直面對挫敗來的好。但是成長心態的兒童把挫敗視為過程，他們不認為自己是失敗，而是將其視為學習。

停滯、消極的定型心態，是有機會藉由引導與練習，轉化成正向、積極的成長心態的，而本書就是一本幫助讀者可以成功轉變心態，以正確的應對方式，將錯誤轉為成功的教戰手冊。

本書作者本身受過扎實的科學研究訓練，熟知在研究的過程裡，需要去挑戰既定的隱形框架與限制，從問題的根源開始思考才能獲得成功。全書由態度到做法，作者將學術研究方法轉化成一般大眾可以運用的做事方法，一步一步引導讀者建立以下的思維與行動模式：

- 如何以正確心態面對錯誤。
- 如何讓錯誤與失敗成為養分。
- 如何以系統性分析降低未來出錯機會。
- 如何擬定不會出錯的好計畫。
- 如何讓錯誤經驗得以共享，加速組織的學習。

不只是「從哪裡跌倒，就從哪裡站起來」，而是「把跌倒轉化為華麗的轉身」，如果不想再被定型思維束縛、困住，不妨讓本書指導你，轉變成成長心態的有效方法。

前言

世上沒有「零失誤」，關鍵在怎麼改善

榮獲二〇一五年，諾貝爾生理學或醫學獎的大村智教授，在給學生們的一段話中曾經提到：「成功的人不會輕言失敗，但他們一定歷經過比別人多一倍，甚至多三倍的失敗。所以年輕時，跌倒個一、兩次根本沒什麼大不了。（中略）總之，即使會失敗，也該去做自己真正想做的事。」

另外，「人們不是說『失敗為成功之母』嗎？所以不該害怕失敗，要多方勇於嘗試。」、「最糟糕的是，因為怕出錯，而選擇不去面對挑戰。」這些話不僅適用於商場，在研究人員之間也時有所聞。

但實際情況又如何？有些人只失誤一次，就失去下一個大好機會；有人只是犯下一些小疏失，就被主管罵到臭頭；有的人遭到客訴，就被要求更換負責人；

甚至有人因為考試落榜，就喪失所有希望……。

雖說不要害怕失敗，但許多人都會擔憂，失敗之後的未來，可能會是一片黯淡。大都人應該會覺得，「不要害怕失敗」，根本就是風涼話。

一〇〇%的成功，有可能嗎？

在你周遭，是否有這樣的人？

- 工作上總是可以達到比預期更好的成績，並且遊刃有餘。
- 難度較高的工作也能夠輕鬆分配處理，值得依賴。
- 遭遇逆境也能不斷挑戰。

有上述特質的人，在主管或管理階層間，會獲得較高的評價，也相當受到同事、部屬的信任，會自然受到周遭的關注，提升職場士氣，進而負責較具挑戰性的工作。這樣的人看似與出錯和失敗無緣？如此說來，在工作上拿出成果、順利晉升的人，就等於不會出錯，或是極少失敗嗎？

工作當然越少犯錯越好。實際上，減少失誤除了能夠直接改善工作效率，也能給人一種「那個人做事不會犯錯」的形象優勢。不過，想在工作上拿出更好的成績，真的就該想盡辦法不犯任何錯嗎？

我們真的有可能不出任何差錯嗎？

不畏失敗，面對挑戰

一如書名《聰明工作者都會的防呆技術》，本書的主題在於，第一，「無論怎麼做，人們都可能必須面對錯誤和失敗」。第二，「當犯錯時，不同的應對方式可能導致你身敗名裂，或是讓你飛黃騰達」。尤其身處挑戰創新的世界──製造、工程、ＩＴ業界時，幾乎不可能從一開始就零失誤。

零失誤的前提在於，本身已經具備相關技術，或是這件事情已是一個專案項目。不過，如果只需要重複這些步驟，就難以稱為創新，也缺乏附加價值。再者，假如為了迴避風險，只選擇照著過去的方法來做事，很容易會被世界淘汰。所以，若不放手挑戰，就無法獲得成功。

想要挑戰創新及進化，犯錯和失敗是無法避免的，不過，若因此讓自己的評價下滑，那就不太值得了。

為了鼓勵人們不畏失敗，勇於挑戰新事物，本書提供了一些補救方法，例如，應該採取什麼樣的行動，如何轉換自己的情緒，以克服一時的難關，澈底掌握成功的關鍵。

倘若事後補救得宜，錯誤和失敗真的能成為「成功之本」。就拿打錯字這件事來說好了。如果知道自己很容易打錯字，不妨進一步思考相關對策，把出錯機率降到最低。詳細方法我會在書中提到，就像常發生交通事故的路口一樣，某些人容易出錯的地方，其他人往往也一樣。

透過你的對策，或許就能減少整個部門打錯字的機率。假如能夠做到這一步，你給人的印象將不再是容易出錯的人，而是會主動減少出錯機會，甚至改善

面對失誤的應對方式，將決定你的下一步

部門整體效率的人。

再舉個例子，假設有個業績不太理想的業務員，連跑了好幾家都沒辦法爭取到新客戶，每次都遭到拒絕……不斷重複這樣的失敗，心裡肯定很不好受。但如果這位業務員能克服負面情緒，嘗試記錄、分析每一次的原因，結果想必會不一樣。

錯誤和失敗，是令你成長的猛藥

被客戶拒絕越多次，就越能夠了解成為熱門商品的條件，或是吸引客戶消費的話術。雖然要將失敗轉化為成功，其中有一定的訣竅，不過這些親身經歷，肯定會為這名業務員帶來穩健的成長。

事實上，坊間有不少教人如何提升業績、達到「全國業績 TOP1」的書。其中，許多作者都會提到，自己一開始的業績非常差，但透過記錄和分析，並累積經驗，最終也能擁有出色的成績。

將錯誤、失敗轉化為人生的助力

從企業來看，也同樣是如此。

二〇一四年底，日本曾爆發 Peyoung 炒麵混入異物的風波。買炒麵來吃的大學生，在油炸麵體中發現了昆蟲的屍體，並將這件事公開在社群媒體上。其後，供應商丸嘉食品公司，立刻將產品送到衛生局檢驗，檢測結果不排除在製造過程中混入異物的可能。

這對食品供應商來說，可謂嚴重失去了消費者對食品安全的信任。受到這樣的衝擊，丸嘉食品宣布自主下架商品，工廠全面停工，重新檢查生產線。之後修改了該商品的包裝設計，避免同樣的事再發生。

這個事件雖然對消費者帶來相當大的衝擊，丸嘉食品仍透過全面改革食品生產線，讓消費者逐漸重拾對該商品的信任，贏回消費者的心。該商品本身後續也推出多種不同的口味，現在的品牌聲勢甚至凌駕於事件爆發之前。

新聞版面時常可見食品安全的報導，但就群眾普遍的認知來說，日本廠商生產的食品，跟海外其他國家相比，還算是值得信任的。為了替食品安全把關，不少企業經歷過這樣的失敗，並且積極改革制度。

犯錯和失敗是好事嗎？答案自然是否定的。畢竟一次錯誤或失敗所導致的挫折與傷害，對一個人來說可能很難完全消除。

不過，想必各位也了解，只要在經驗累積下，尋求正確的處理方式，**失誤也可能成為超乎想像的助力。如何活用這帖猛藥，將會是左右成長的關鍵**。不要畏懼錯誤和失敗，去嘗試挑戰更多可能。當不幸出錯時，先站穩腳步，再採取適當的應變措施。

「挑戰↓失誤↓站穩腳步↓再挑戰」，不斷重複循環此過程，才能持續成長、進步。

工學領域的「失敗學」，也能運用在日常

最後，就讓提倡運用錯誤和失敗經驗的我，在此做個簡單的自我介紹吧。

各位聽說過「失敗學」這個名詞嗎？所謂失敗學，就是蒐集全球發生的事故或災禍資訊，探討為何發生事故，或是潛藏在背後的真正原因等，為求避免再度

發生同樣事故，而深入驗證、歸納情報的學問。

為了防患未然，驗證、歸納出的事故及災禍資訊，我透過指導日本知名大型企業，或消費者安全調查委員會等機構，與眾人分享已知的訊息。

建立於二〇〇二年的「失敗學會」也以此為目標，以專業工學研究者為主要核心人員。由失敗學的先驅畑村洋太郎擔任會長，我則擔任副會長，並且任教於東京大學、上智大學、九州工業大學等校的研究所。

為什麼工學專家會轉而鑽研失敗的學問？因為工學的作業現場，只要出現一丁點失誤，就有可能造成致命的傷害。例如，一顆小小的螺絲釘只要偏移幾微米，在工學世界裡，就可能會形成極端的增幅，甚至最後使價值數百萬日圓的產品故障報廢。實際上，我過去曾就任的半導體製造裝置企業，全體員工就曾為了解決微米單位的偏移，而傾注全力。

很多時候，在第一線發現工學上的錯誤，就為時已晚了，因此更需要提前預防，這也是工學專家組成學會的主要原因。目前失敗學的實用性質遍及醫療、金融、教育、食品、服務業等各行各業，致力避免再度發生過去的錯誤及失敗。

失敗學的最大特徵，在於改變基礎及結構，直到不會再重複過去的錯誤。簡單來說，不是單純精神喊話「之前在這個部分不小心出了錯，之後要多加留意」，而是需要重新檢視、解決問題，從根本上改革。

若不澈底改變結構基礎，人們很容易受到原有的習慣影響，或是得多加些新的規矩，也有可能因為睡眠不足等因素，導致注意力下滑，以至於重複犯下相同錯誤。甚至有時換了負責人，所有事情就必須從頭開始。

這麼一來，就很難充分活用犯錯的經驗。

本書的主要目的在於，提供失敗學應對錯誤的方法，讓各位運用在工作上。透過這些經驗，穩健成長為足以獨當一面的社會人士。假如你所在的組織或團隊，思維足夠靈活，就能和周遭的人一起實踐這些做法，想必能贏得數倍成效。

即使只是寄錯郵件，也能累積失敗經驗。從組織、團隊的角度來說，每一次的錯誤和失敗，都能化作成長的養分。錯誤和失敗不等於扣分，更不是終點，應該藉此轉念思考，如何運用這些經驗，為未來加分。

當自己出錯的時候，該怎麼處理才能讓情況好轉？怎麼做才能不被扣分，反而為自己多收穫一份經驗？什麼樣的思維，能夠帶來更大的成功？若各位讀者能在閱讀本書的同時，思考如何將錯誤和失敗化為養分，進而獲得突破性的成長，那將是我的一大榮幸。

第一章

最糟糕的回應：「我下次會注意」！

1 為何有些人犯錯仍能獲得好評價？

挑戰全新事物時，不可能不出錯。就算多小心謹慎，也很難避免。不僅如此，正如同前言提到的大村智教授所說的一番話，越是忙碌或勇於挑戰新事物的人，失誤和犯錯的風險也就越高。沒錯，一般來說，越是擁有高評價的人，其實遭遇過的錯誤和失敗也越多。但他們仍獲得高度評價，主要原因在於：

- 第一時間採取正確行動。
- 就算受到打擊，也能迅速振作起來。
- 把錯誤和失敗當作經驗，化為自己的養分。
- 從失誤中建立成功模式。

從打擊中迅速振作，就能獲得好評

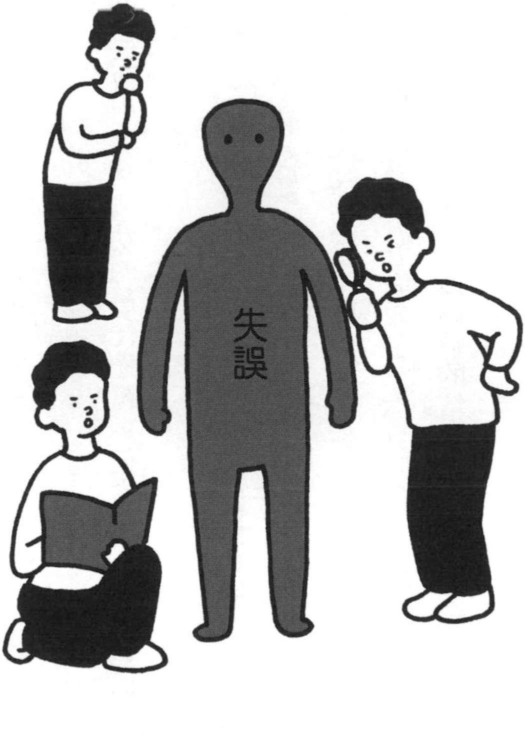

上述步驟，以科學研究的角度來思考，可能會比較容易理解。例如，現在正進行一項科學實驗，卻無法獲得理想結果。這時，科學家會客觀評估實驗為何失敗，並且找出原因，進一步深入分析，藉此成立另一個新的假設，再進行下一次的實驗。

這一連串流程，是將失敗引導到成功的最佳途徑，但當自己遇到類似狀況時，多數人都無法如此冷靜應對。

例如，主管突然對你說：「把這些資料整理一下。」於是你利用工作空檔，開始整理主管指定的資料。由於資料量實在太多，內容又過於複雜，整理起來耗費了你不少時間。到了截止期限，即使主管不斷催促，你還是無法如期完成。

主管邊責怪你，邊自己整理，三兩下就完成了。你見狀後不悅的想：「既然這樣，你為何不一開始就自己做？」你深知這煩躁的情緒，可能會影響自己之後的表現，因此決定「忘記」這件事。

這個例子，和前面提到科學家所經歷的失敗情況相當類似。相對於科學家會分析失敗，以利進行下一次實驗，這位上班族在被主管責備之後，只覺得心情煩躁，於是決定忘記這件事。也就是說，沒有達成主管所指定的工作目標，不僅降低了他的個人評價，也沒有促成任何進步或成長。

這位上班族所採取的態度，可歸類成以下幾點：

- 面對錯誤和失敗，不想積極改善。
- 對失敗的結果有些情緒化。
- 想盡快忘掉出錯的經驗。
- 無法從錯誤中學習。

當我們在某件事情上失誤時，也很容易採取類似的態度。

看了上述例子，可能有些人會覺得，在相同情況下，自己一定不會出那種包。但從客觀角度看來，越是單純簡單的事情，人們越容易犯錯。例如，在一些公開負面消息的記者會上，某些當事人的應對，著實令人深感訝異：「為什麼他明明出了錯，還敢擺出那種架子？」

明明是小失誤，卻引發大論戰？

這邊舉個發生在二〇一九年七月，日本 7-Eleven 的「7pay」電子支付服務，遭到詐騙利用的事件。這起事件為系統安全上的漏洞，但真正受到大眾批判的，是業者在記者會上的應對。身為負責人的社長，在談話中暴露自己忽視會員資料的隱私保障，也欠缺數據保護的相關知識。

通常，在記者會上，記者會丟出一些誘導性的提問，期待能獲得一些較具煽動性的回應，但在我的印象中，那場記者會上沒有出現任何誘導性提問。而說到糟糕的應對方式，政治人物因言論所引發的問題，可說是層出不窮。

二〇一九年日本金融廳在報告書中提及，建議民眾「準備兩千萬日圓來應付退休生活」。對此，日本財務大臣麻生太郎卻公開表示：「不視為正式報告書受理。」或許是考量到當時是在選舉前，或是高層判斷如果想清查報告書中的內容，就等於是對新政府提出非難。但無論如何，麻生太郎的回應以及對報告書內容的相關處置，都讓許多人難以認同。

再怎麼熟練的事，
還是有可能出錯……。

像上述這類應對方式，都等於在錯誤和失敗所造成的傷口上撒鹽，讓局面更加難以挽回。不過，稍微冷靜思考就會發現，通常在媒體上被集中談論，或是召開記者會的人，都是在社會上有一定的知名度或地位，比較少原本在言行舉止上就有問題的案例。他們以前在電視上看到類似的醜聞報導時，恐怕也會忍不住心想：「哎呀，還真蠢呢。」、「怎麼會用那種態度說話……。」但當自己置身事內時，當初那份冷靜也不知道飛哪去了，採取的應對方式往往也不恰當。

三大步驟，提升評價

因為人在犯錯的瞬間，內心就會動搖，使視野越發狹隘。此時如果被他人投以挑釁的言論，就很容易被激怒，並且出言反擊。要是平常對此毫無防備，將會引發更大的損失。所以，當犯錯或是失敗時，自然需要比平常更加謹慎面對。

因此，在本書中，我將討論到如何正確的從錯誤和失敗當中恢復，並且成長的具體方法，分別有以下三大步驟：

獲得好評的三大步驟

3
⑤預防再次發牛（改變組織、改變順序、改變行程）。
2
③報告相關資訊並道歉。
④採取應對及檢討。
1
①冷靜。
②不要情緒化。
誤
失誤
步驟 3
面對未來
步驟 2
實際行動
步驟 1
整理情緒

1. 整理情緒。
2. 實際行動。
3. 面對未來。

假如能採取上述行動，你就會發現自己：

- 歷經失敗之後，工作更得心應手。
- 你自己和周遭的人，都比較不容易犯下相同錯誤。
- 雖然出錯或失敗，仍能提升別人對你的信心。

現在，就讓我們先從步驟一開始吧。

2 花一分鐘想想：因為你的錯誰會受影響？

「咦！你說錢沒匯進去？我昨天明明都安排好了啊……。」
「我們是約今天嗎？不是吧，我記得是明天吧？」
「我手一滑就弄掉了……不是啊，把東西放在桌邊的人才有問題吧！」
「你到底在搞什麼啊！太過分了！」

當發生意外失誤時，每個人採取的反應和行動都不太一樣。有些人可能驚慌失措，停止思考；有些人則是突然變得情緒化；有的人會裝作視若無睹，或是佯裝冷靜；還有些人明明沒被責怪，卻忙著為自己找藉口；有些人甚至開始把責任推給別人……每個人面對錯誤的反應，竟會有如此大的差異。

這種瞬間反應，其實旁人都看在眼裡。我非常能理解，當被告知事情有誤的第一時間，就希望自己能採取理想的應對措施。然而，事實上，要控制這種瞬間反應相當困難。

先深呼吸一口氣，再行動

由於一個人的成長環境、思考方式，以及過去經歷的一切，都會體現在反應上，只透過閱讀或進行一些訓練，也很難真正改變。所以，你只需要記得一件事，那就是先停下來，深呼吸。

面對錯誤和失敗，最優先採取的反應（行為），就是不說多餘的話、做多餘的事。因為在大多數情況下，立刻採取行動通常無法解決任何問題，不如先讓自己冷靜下來、理解現狀之後，再尋找適當的應對策略。

我想每個人在職場上，都犯過錯。當中如果涉及金錢，或資產等複雜的內容，不熟悉該項領域的人，很容易就會自亂陣腳。例如，在工作過程中搞錯匯款

想想看，誰會受到最大影響！

對象時，有些人可能會急到快要哭出來，不斷詢問：「怎麼辦，我該怎麼辦？」不過只要冷靜下來，就會發現，解決方法其實很簡單，只要將同樣的金額，匯給正確的對象，向搞錯的那方仔細說明情況，請對方匯回那筆款項就好了。或者，當你不小心打破或弄壞東西時，也可以採取同樣做法。有時過度驚慌失措，很可能會造成更嚴重的損失。

犯錯時，你該先停下來深呼吸一口氣。接下來再考慮是否能夠修復，或有關後續的善後問題。

任何已發生的錯誤或失敗，都無法改變。既然如此，與其用焦躁或情緒化的反應處理事情，不如先冷靜下來，很多事情就能改善。

對你來說，可能會覺得這是一次嚴重的失誤，但對其他人而言可能不見得如此，所以，一定能夠找出解決之道。

為了能冷靜分析和應對，保有客觀觀點是很重要的一件事。為此，請盡量抑制主觀思緒，例如：「完蛋了，我犯了無可挽回的大錯……。」

抑制個人情緒，主要有兩個原因。

第一個，在自責思緒下，可能會錯過正確應對的時機。像在揭露負面消息的記者會上，要是錯過發言時機，就很容易受到輿論攻擊。要記住，晚一點再自我反省也不遲，最重要的是在第一時間判斷當下的狀況。

第二個，商場上的失誤，大部分無法靠一己之力來解決。好比一個企劃案，可能會關係到非常多人，你的錯誤甚至可能會影響到公司的其他部門。即使能靠自己解決能力所及之範圍，也無法抹除失誤所造成的影響。有時候，在他人的幫助下，比較容易獲得相對理想的結果。

不要自行解決，要勇於求助

假設你正在編輯公司伺服器上的 Excel，在按下儲存鍵時，其他引用該試算表的檔案，出現了錯誤或毀損。在這種情況下，只修正你所編輯的檔案是不夠的，其他檔案也必須檢查和修改。如此一來，就需要聯絡其他檔案的管理者。

工作上的錯誤，關係到的是整個群體、部門或組織。獨自思考出的應變措施，即使當下看似能夠順利解決，但對組織整體而言，未必是理想的處理方法。

此外，有時其他人，特別是主管的應對，在控管成本上，例如降低人事費用等方面，通常能有比較好的成效。出了社會後，工作上的失誤，即使在大多數情況下可以自行處理，也最好別這麼做。更別認定自己犯的錯誤，就應該由自己來解決。

當能做到先冷靜、捨棄自我情緒，就等於完成了第一步。最理想的情況是，在意識到自己出錯的瞬間，自然的認為這個狀況是屬於團隊的，並且勇於求助。

我曾經認識一個人，在意識到自己出錯時，就會焦急的從椅子上站起來。當他察覺到這個習慣後，就告訴自己「如果又站起來，就要叫自己先坐下」，並試著抵抗出錯時所造成的強烈焦躁感。

無論採取什麼行動，每個人在出錯的第一時間，都會很焦慮，因而做出不恰當的反應。充分意識到這一點，再應對往後所發生的錯誤，才能更加得心應手。

3 出錯的第一時間，你該告訴誰

如果察覺到自己的錯誤，並且能保持冷靜，接下來要考慮的，就是怎麼做，才能盡量減少損失？

首先，犯錯時，請依序確認以下幾點：

1. 失敗會帶來多大的影響？
2. 該怎麼做，才能將整體的影響範圍降到最低？
3. 該通知誰，才能夠有效減少影響範圍？

這裡的關鍵字是「影響範圍」。

1. 失敗會帶來多大的影響

首先應該確認，這個錯會帶來多大的影響。當我們出包時，特別容易因為眼前發生的狀況分心，而忽略這件事對周遭環境可能造成的影響。通常錯誤越嚴重，對影響範圍的判斷力就會越弱。

我前陣子就發生過類似的狀況。

我目前在東京大學的兩個研究室工作。一個研究室位於工學部大樓，主要的工作內容是準備講義，以及管理一般事務。另一個則要再走十分鐘左右，平常以進行實驗、準備並實施安全講座等工作為主。

前一陣子，我前往實驗用的研究室工作。由於隔天要開失敗學會大阪會議，所以我在離開研究室之後，鎖上門，就搭新幹線去大阪了。大約在列車駛近名古屋的時候，我發現自己的口袋裡竟放著研究室的鑰匙。

原本離開時，就應該將鑰匙還回指定地方。畢竟除了我以外，還有其他人會使用。在這種情況下，「需要進研究室，卻因為找不著鑰匙而感到困擾的所有人」，就是這個例子裡的影響範圍。

影響範圍有多大？
如何將傷害降到最低？關鍵人物是誰？

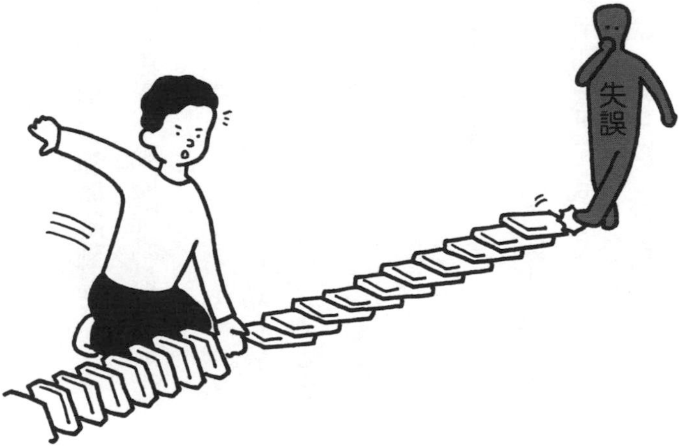

你要習慣，在發生失誤時，先想想可能會給誰帶來麻煩？

2. 該怎麼做，才能將整體的影響範圍降到最低

接下來要確認，如何將整體影響範圍降到最低。這時你必須從整體影響範圍的角度來思考。

以剛才提到的鑰匙事件為例，我思考的重點在於，帶著鑰匙離開東京的期間，是否會有人需要用到。即使只有一個人，我可能就不得不想辦法把鑰匙還回去，假如沒有人有特別迫切的需求，我就會在開完會之後，再把鑰匙帶回東京。

3. 該通知誰，才能有效減少影響範圍

最後要思考的是，該通知誰，才能有效減少影響範圍。在上述事件中，該通知的對象，就是任何可能使用那個研究室的人。

當我發現鑰匙還在自己身上的時候，就趕緊發了封信件，給所有跟研究室有關的人員，報告並致歉我把鑰匙帶走一事。而當時似乎沒有人在我離開的這段期

間，需要使用研究室，因此總算是大事化小。

在列車上突然發現這類問題，應該不太可能在第一時間就想到，「先聯絡一下也有這把鑰匙的人，請對方想想辦法」、「要不要用宅急便或是機車快遞，先把鑰匙送回去」、「乾脆趕快折回去還鑰匙」，或是「先拜託認識的人，請他把鑰匙送回東京好了」等應變措施。

如果是更嚴重的錯誤，我們通常會急於找出相關對策。例如，你不小心刪除了儲存在公司伺服器上的財務資料檔案，即使透過復原程序也找不回來。或者，某天公司的醜聞曝光，負面評價在社群媒體上流傳，即使想刪也刪不掉。當這類情況發生時，大多數人會先嘗試找回刪掉的檔案，或是試圖在社群媒體上追溯情報來源。

發生事件時，我們傾向於憑自己的力量做些什麼。

然而，以影響範圍為中心，再採取行動，才能將傷害降至最低，同時也有助於迅速找出解決問題的人選。例如，你可以請專業的系統工程師協助，快速找回需要的檔案，或是委託公關人員平息網路上的惡評。這裡的系統工程師跟公關人員，就是有效減少影響範圍的關鍵人物。

當考慮到該通知誰，才能有效減少影響範圍的時候，你應當著重在對方是否有能力預測最糟糕的狀況，並有效阻止情況發生。

犯錯，特別是有可能損及個人名譽的錯誤時，我們往往都會僥倖覺得，「應該不會被發現吧？」、「事情應該不至於會鬧大……。」、「之後就會順利點了吧……。」這是因為人類大腦所具備的「正常化偏誤」（normalcy bias，在災難發生時輕忽嚴重性、缺乏應變）功能。即使突然下起豪雨，上級發出疏散撤離命令，還是會有人心想「我們家應該不會有問題吧？」、「目前應該還好……。」而不去避難，最後在危機來臨時，才請求政府救援，這是任何人都會有的心態。

在認知到大腦有這種特性後，我們反而可以假設最糟糕的情況，並確保在必要時能獲得他人的協助，將傷害降到最低，以面對實際可能發生的任何意外。

初次自白時，該說與不該說的話

初次自白是指，在出錯或失敗之後，要通知能有效減少影響範圍的人，以及自己的主管。

不少人因為失誤而導致個人評價下降，主要問題都出在初次自白時，他們弄錯了應該傳達的內容，因此，在了解應該傳達的內容之前，我們先來看看，比較容易脫口而出，事實上卻沒有必要說出口的話吧。

初次自白時最不需要說的，就是找藉口正當化自己的錯誤。既然都決心告知對方了，找藉口對對方來說，只是浪費時間，而且，錯誤越嚴重，犯錯的人就更不需要解釋，畢竟，為自己的錯誤辯解，實在沒有意義。

在失敗學中，工作中發生重大失誤，問題責任不會歸咎於工作人員，而會歸為業務機制上。例如，你依照業務程序，完成了A跟B，要在確認C之後繼續進行D，但在過程中，卻不小心忘記確認C，就直接進行到D的步驟。

這種時候，我相信不少人會把「沒有確認好C」當作自己的錯誤。然而，最大原因其實出在沒有確認好C，也能進行D的業務機制。你只是因為機制問題，而搞砸了手上的工作。你完全沒有必要為了保全自己，而尋找任何藉口。

許多人聽到這種說法，可能會認為：「可是，我就是犯錯了，這種說法根本就是在逃避責任。」但這其實是避免組織再度出現類似錯誤的重要關鍵。事實上，確實有業界引進這樣的思維模式，澈底減少錯誤，並且成功進行了改革。那就是航空業界。

飛機機體中都有配備黑盒子，用來記錄飛行數據，以及駕駛艙中的錄音資料。鑒於在航空業界發生重大事故時，基本上機組人員與乘客都難以倖存，該業界面對錯誤的態度是眾所周知的謹慎。與其他行業相比，他們會更強烈的意識到，「無論發生什麼事故，都必須深究其原因，毫不隱諱」，並且正確累積經驗，加以活用。

實際上，就有某家美國航空公司規定，當發生錯誤或事件時（incident），如果報告得宜，報告者就不會被追究責任。報告者的姓名不會被記錄下來，而發生的錯誤或事故將與全公司共享，以助於實現更安全的飛航環境。

找藉口會惹人厭！說事實會得到幫助！

透過改變處理方式，我們會發現：

- 每次在某個地方出錯時，會減少再發生的機率。
- 犯錯，反倒提升了整體的安全性。
- 發生失誤後，整體系統的運作效率明顯提升。

假如整體業界或組織，對於錯誤有一定程度的理解，應該就不會因此訓斥員工，或是過度貶低其個人評價。相反的，如果你所屬的業界或組織，會將錯誤的責任歸咎於個人，就可能會受到斥責，或導致個人評價下降。但，這時被扣掉的分數，都有很大的機會在採取正確的應對方式後加回去。

另外，對於 incident（事件、事故）這個字，全世界似乎只有日本有不同的解讀。英文的 incident 包括事故（accident）的意思。也就是說，不管是可能會發生的事故，或是實際上真的發生的事件，英文都會以 incident 來表達。不過，日本通常會將「尚未發生，但有可能發生的事故」稱作 incident，而「實際發生事故」則以 accident 來區別。但這只限於日本，國際標準仍以英文的解釋為主。

這類詞彙上的認知差異，也是其後將在第六章介紹到，關於溝通不良的一大起因，在使用上請務必多加留意。

好好道歉，但千萬別說「深感遺憾」

初次自白時首要傳達的第一件事，就是目前的狀況。

搞笑藝人宮迫博之、田村亮曾出席反社會勢力團體所主辦的宴會，並且收受酬勞。在兩位當事人召開記者會之前，宮迫博之曾說謊撇清與反社會勢力之間的關係，因而遭受各方抨擊。其後，兩人以「傳達事實並道歉」為方針，再次召開記者會，才獲得不少同情意見。

在初次自白時，盡量不要帶有期望、臆測之類的個人情感，只需滿懷誠意的傳達目前發生的狀況。在這個階段，不清楚的事，即使直接坦白承認，也是能被大眾原諒。畢竟，你的錯誤，確實曾讓他人困擾，或曾經麻煩到別人、花費了多餘的費用等。然而，許多人似乎誤解了道歉的方法。低下頭，連聲向對方表示：

「真的非常抱歉！」這樣的道歉方式，只會顯得很自以為是而已。

在某些牽涉醜聞風波的記者會上，各位也曾見過道歉的人一味的低著頭，即使如此，從觀眾的角度看來，也只會感到煩躁：「他到底為什麼要道歉？」、「什麼叫做我也深感遺憾？」這類行為，根本無法傳達當事人的歉意，就算使出土下座等誇張的道歉方式，暫時平息對方的怒火，當事人也很有可能因此認為對方接受了自己的道歉，導致後續處理方式不夠妥當。

道歉是一種社會行動，重點是站在對方的立場，清楚說明自己的錯誤。因此，道歉時，請盡可能客觀的解釋目前所發生的情況，自己不清楚的地方，也只需要據實以告。這個時候如果強加解釋，有可能提供錯誤情報，反倒弄巧成拙。

此外，「對不起」、「非常抱歉」和「不好意思」等說詞，都是為客觀說明所做的結尾用詞。若是你覺得說這些等於道歉，就要立即改正這個觀念。同樣的，在犯錯之後，倘若有人願意伸出援手，也請好好表達你的謝意。

在記者會上，似乎習慣在說明狀況前先道歉。我認為，這是因為大眾都已經對事件有一定程度的認知所導致（例如前面所提到有關宮迫博之跟田村亮的事件，在召開記者會之前，相關消息已經被週刊大篇幅報導）。

我們在日常生活中犯錯，既不會被記者拿放大鏡檢驗，相關情報也不會被大肆宣揚，所以沒有必要採取記者會上「道歉後說明」的方式，而是要採用「說明後道歉」。

綜合以上幾點，報告相關資訊及道歉的方式，可以參考以下說法：「〇月〇日向貴公司訂購××時，由於輸入錯誤，原本只需要一百箱，目前收到了一千箱，現將多餘的部分先行退還，後續的支付事宜，我們會在確認後進一步向貴公司報告，真的非常抱歉。」、「△△日前所寄放的××，由於管理不周，導致出現破損。損壞程度目前正在評估中。進一步了解之後，會再向您報告並討論相關事宜，真的非常抱歉。」

在前面所提及「能夠有效減少影響範圍的人」（見第四十六頁）當中，即使不包含公關人員，但如果與組織整體聲譽有關，也應該主動通知公關單位。近年來，公關人員的應對越來越講求速度。包括向公司外部發送訊息，以及是否該公開道歉等，都需要詢問公關人員的建議，才能有效減輕負面影響。

當重大失誤可能動搖整個社會時，組織很可能會避免讓當事人繼續接手後續處理。舉例來說，二〇〇二年，在長崎一家造船廠，日本最大規模客輪「鑽石公主號」在建造過程中突然起火，起因是焊接工程偏離既定程序，因此引發了火災。多虧無線電，現場才能快速疏散作業人員。雖然此事件沒有任何人傷亡，但參與建造工程的所有人員，皆被安排離開後續處理和負責修繕的部分。

換人接手，有時是最好的補救

新組成的團隊，將鑽石公主號被燒毀的部分完全拆卸下來，並在兩年不到的時間內，就將其改裝成藍寶石公主號首度亮相。事實上，由於鑽石公主號，跟藍寶石公主號是同時期建造的姊妹船，因此團隊選擇以最快的速度完成藍寶石公主號，並以鑽石公主號的名義問世，之後再將修復完成的鑽石公主號，以藍寶石公主號的名義出貨，將延遲交貨的時間縮到最短。能迅速做出這種應對，不僅展現出員工優異的素質，更是冷靜管理決策的成果。這也是上級判斷當事者難以冷靜應對後續狀況，而做出的妥善安排。

一般在工作上，或許很少會遭遇如此大的挫敗，但即使是一些文書工作上的小錯誤，如果會造成重大影響，最好還是**由當事者以外的其他人，組成後續處理團隊比較好**。當事人可能會認為「只有自己才能妥善應對」，但要記得，失誤不只是屬於你一個人，而是關係到群體和組織。從客觀角度來看，這樣的安排不是針對你個人的懲罰，更不是一種霸凌。

4. 進行應對及檢討

在選定應該通知的人之後，接下來就要思考如何善後。如果狀況已經發生，最好的做法，就是跟團隊討論後續的應變措施，並歸納出結論。

如果失誤本身已經嚴重影響到周圍的人事物，請務必組成團隊來制定對策。假如你本身已經有一定的想法，請提前向團隊成員提出，統一其後的應對方針。這邊我要再強調一次，失誤不是你一個人的問題，而是關係到整個團隊或組織。是否能具備這樣的意識，將直接關係到你能否透過錯誤，獲得成長與進步。

4 「我下次會注意」，保證下次再犯

在阻止更大的傷害發生，並且盡可能修復之後，我們終於可以轉而思考，今後能否活用這次的經驗。

最重要的是好好反省，嘗試從客觀的角度，回顧問題是如何發生的，以及為什麼會給周圍的人添麻煩。

假如做相同工作的人那麼多，卻只有自己出錯，那原因會不會是出在自己身上？平常自己的表現都很不錯，卻只有那天出了差錯，那天是不是有哪些地方跟平常不太一樣？

前面我一再強調，錯誤是屬於組織和團隊的，但反省時，就需要從個人來回顧整起事件，再好好向被自己麻煩到的人道歉，並感謝那些願意出手相助的人。

只會喊口號，下次就會再犯錯

深切反省過後，就要考慮如何防止類似的狀況再度發生。防範方法是本書後半的重要主題，在這裡就讓我簡單提示一下思考時的重點。

在制定防範措施時，必須盡量避免以下想法：

- 下定決心「我不會再犯這種錯誤」、「往後都要小心一點」。
- 「都是我太粗心大意」試圖辯稱是自己太過輕忽。
- 「可以教我有哪些好方法，或是正確的方式嗎？」過度依賴組織教導。
- 「打起精神來吧！」鼓勵自我。
- 「澈底認知」、「強化管理」這類場面話跟口號。

這些話，並不會讓你從錯誤中成長。不僅如此，這類理想口號在說出口時，就代表人們停止了思考，在失敗學中甚至是屬於負面言論。理想口號有提振情緒的效果，在日本似乎有許多人都認同這樣的說法。然而，一時的振奮依舊會冷卻，甚至成為下一次出錯的溫床。

在上述想法中，特別要提到的是過度依賴組織教導這點。應該有讀者會疑惑，參考、模仿前輩的做事方式，有助於熟練工作內容，對犯了錯的人來說，教育訓練確實有一定的效果。

組織設計的重點，防呆，避免再犯

然而，在透過教育訓練所能改善的錯誤背後，都會出現這個問題：「為什麼沒有接受過充足訓練的人，會自己一個人執行這項業務？」潛藏在事件背後的問題主因是組織機制上的錯誤：讓能力還不成熟的人，負責他能力以上的工作，這件事本身就是個相當大的問題。

假如沒有改變機制，下一次可能又會有另一位新員工從事同樣的工作，重蹈覆轍。所以，最好要先有心理準備，因為幾乎**沒有任何錯誤，能只靠教導就解**

與其說「我下次會小心」，不如從改變組織機制開始

決的。

排除理想口號之後，如果想防範下一次錯誤，就要思考出解決機制。這是將失誤昇華至成功的重要關鍵，也關係到是否能透過錯誤，反向提升你自己的個人評價。

哪種做事方式能幫助你避免犯下相同的錯誤？請見以下例子：

●當你在處裡訂單時

失敗：訂單信件副本（CC）給另外三個人，讓大家都看得到。失敗原因在於，寄信時用CC會讓人欠缺責任感，也不會有人看。

成功方法一：當訂購數量與平常大不相同時，警報聲會響起，只有確認完程序、解除警報後，才能夠寄出訂單。

成功方法二：將過去到現在的訂購數量製作成圖表，只要輸入錯誤，圖表上就會格外醒目，能夠較為直觀的察覺到錯誤。

- **防止異物混入**

失敗：增加檢查人員，以防止異物混入。原因是，仰賴人工方式，最終還是有可能忽略。

成功：為避免工廠生產線混入異物，在全線覆蓋上防護套。

- **避免公司情報外洩**

失敗：澈底實行情報保密的員工教育。即使透過教育訓練，還是無法達到一〇〇%的嚴防效果。

成功：為避免洩漏公司內部情報，在重要區域加裝電磁波隔離設備，並且限制電子設備的攜入和帶出。

- **確認商品有效期限**

失敗：定期確認商品的有效期限。但確認過程中可能也有所遺漏。

成功：掃瞄條碼時，超過有效期限的商品會發出警報聲。

前面曾提到我把研究室的公用鑰匙帶走的事，我後來決定，用小型登山扣，固定在襯衫的第三顆鈕扣上，借用鑰匙後，只要把它掛在登山扣上，就不會忘記還了。

通過適當的分析原因，就可以有效防止錯誤再次發生。在本書的第三章到第七章，將詳細介紹如何分析原因，並且制定相關的防範方法。

5 你只是出錯，不是失敗，所以不要掩蓋

在本書中，我一直將失誤，視為創造新事物，以及進行創作工作時，不可避免的過程。接下來，我也將提到，在發生失誤後，若採取正確的應對方法，就會是一帖加速成長的猛藥。

聽到這種說法，你可能也會認為犯錯等於失敗。但，我本身其實將這兩者視為不同狀況。簡單來說，**錯誤代表的是短暫的瞬間，而失敗則是經過一定時間。**當人們說「那個挑戰失敗了」，大都指的是在嘗試挑戰之後，由於某些原因沒有成功，大家就會用失敗，來評價這一連串行動。另一方面，「那個挑戰是個錯誤」，指的是決定挑戰這件事情是錯的。

進一步來說，失敗可以透過採取本章所介紹的步驟來降低傷害，甚至轉變為

失誤是短暫時間，失敗是一段期間

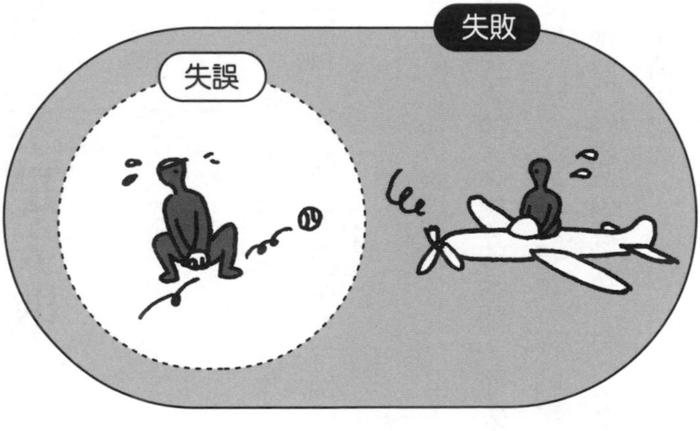

成功，但在種種錯誤中，有些狀況除了真誠道歉以外，也別無他法。例如工廠的組裝流程。平常應該按照順序鎖緊四個螺絲，才能組裝完產品，員工卻不小心忘記鎖緊某個螺絲。當下雖然沒什麼問題，但在後續使用時，產品螺絲脫落，造成了意外。

這種情況，你問我這個「不小心」算失敗還是失誤，我會歸納在失誤。當事情有固定程序，中途卻出於某種原因，沒有依照程序進行時，我也會歸納在失誤的範圍。只不過，上述案例可以透過檢討，制定防範對策，以防止再發生相同問題，而當你回顧這一連串狀況時，就算是失敗。

用英語來說，失誤比較接近「to err」。在棒球術語中，常會使用到失誤（error）這個詞。棒球中的失誤，指的是在很容易接球或送球的情況下，卻漏接或是暴投，但當在漏接彈跳球，或是身體沒維持好平衡，而導致送球失敗時，這種就不算失誤。也就是說，沒完成簡單任務，就會被判定為失誤。

如同上述，失敗和錯誤看似相像，其中意思卻完全不同。透過反省和思考，將錯誤變為通往成功的階梯吧。

第二章

出錯真的很糗，但你會得到成長

1 成功的方法，就在垃圾桶裡

為了不出錯，我們平常在工作上會不斷留意細節，當不幸發生時，難免會受到他人責備，所以很多人會認為，從錯誤和失敗上得不到好處。然而，「失敗為成功之母」。讓我們從本章的內容中，仔細看看兩者可能帶來的好處，以及如何才能從中受益吧。

為什麼出錯時，都只是罵完就沒了？

面對錯誤或失敗，許多人的處理方式如下：出錯↓被罵↓道歉、採取對策↓反省↓情緒沮喪↓設法遺忘↓忘記了（恢復精神）↓出錯、失敗↓……（以下無限循環）。在每次犯錯和失敗後，雖然會稍微改變下次做事的方式，但也不會有多大的成長空間。

例如，有個員工經常在簡報等公開資料中打錯字或漏字，每次被主管發現有錯漏字，都會被責罵，於是他告訴自己：「下一次別再打錯字了。」、「做完資料之後，一定要再澈底檢查過。」不料在被罵完一段時間後，故態復萌。結果無論過了多久，他經手的資料都還是會出現很多錯漏字，導致主管也慢慢減少給他重要工作的機會。

不斷重複「犯錯、失敗→反省→恢復」的人，個人評價會因為犯錯和失敗的次數增加而逐漸下降。毫無進步的團隊當中也會不斷循環這個迴圈。

二〇〇二年，日本當時發生銀行合併時的大規模ＡＴＭ系統故障事件。當時，第一勸業銀行、富士銀行與日本興業銀行，這三家大型銀行合併，整合成瑞穗銀行，但瑞穗銀行在剛開始就出師不利。

在營業初期，伺服器就發生了大規模的系統故障，不僅有超過兩百五十萬筆匯款延遲，以及重複扣款等狀況，這場混亂甚至持續了一個多月。主要問題出在

犯錯卻沒有找到改進方法，就會不斷出包

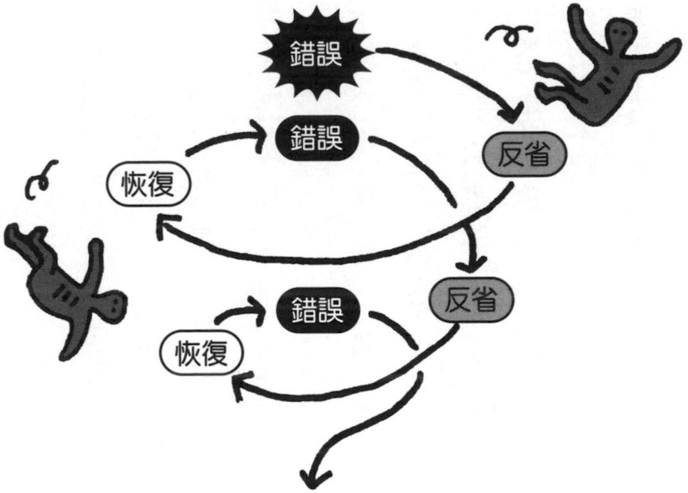

原本三家大型銀行，對於系統整合方針的差異，以及隨之而來的計畫延遲、測試不足，和缺乏危機應變。當時的社長甚至被要求出席國會，可說是危及企業存亡的重大事件。

然而，這個經驗並未被瑞穗銀行有效利用。二〇一一年，東日本大震災，來自各地的捐款太過踴躍，瑞穗銀行再次出現嚴重的系統故障。這起事件背後牽涉到不少因素，包括系統部門無法完全掌握自家系統、缺乏危機應變能力、捐款帳戶設定有誤、沿用舊有系統等，但若能謹記二〇〇二年的教訓，澈底檢修工程，很有可能就不會再出差錯。

在這一連串系統事件之後，瑞穗銀行終於著手更換系統，為了今後不再重蹈覆轍，採取了較為積極的因應對策。

二〇〇五年所發生的瑞穗證券錯單事件也是如此。瑞穗證券公司的一名交易員，在尚未經過完善測試的狀況下，使用東京證券交易所的系統，又因為電腦交易系統故障無法及時取消交易，進而造成了這起著名的烏龍交易事件。此外，二〇一八年五月，東京都民銀行、新銀行東京、八千代銀行，三家銀行合併而成的

Kiraboshi 銀行，也從營業首日就發生系統故障。

日本金融業界的交易系統品質，不知是水準低落還是過於脆弱，總是容易發生這類事件。當然，我知道這些錯誤和失敗，都有各自的難處或背景，只是總得舉出一些企業或業界來分享錯誤經驗，防範錯誤再度發生，否則往後還是有可能發生類似的問題，而且接二連三的出現系統故障，也很難贏得客戶的信任。

如此一來，錯誤只會成為「想遺忘的過去」

對於重複出錯的人或團隊來說，錯誤和失敗就只是個會遭到他人責備，讓人情緒沮喪，並帶來負面影響的事。所有當事者都一定會想盡快遺忘。在強烈意志的驅使下，沒有人會願意再回頭看一眼，而當人們真正忘記時，就又會犯下同樣的失誤。

假如你沒有吸取教訓，也沒有因此成長，那麼主管、客戶和相關人員的責罵就會一次比一次激烈。如此一來，當你不斷重複同樣的問題，這些問題就會成為

沒有吸取教訓，仍會不斷犯錯

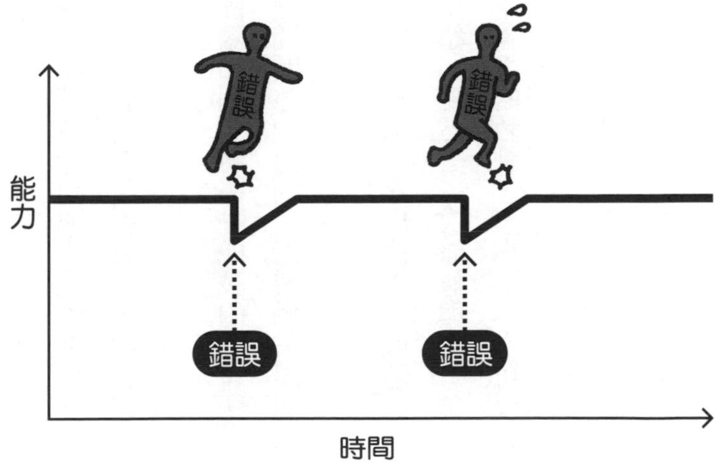

重大的扣分項目。

每次所受到的嚴厲責備，不僅會加速惡化人際關係，也會讓人對工作逐漸失去信心。對於經常搞砸的項目，容易產生厭惡感，面對工作時的態度就會較為隨便，如此更提高犯錯的機率。

在這種惡性循環下，團隊和個人將失去成長的機會。我認為，這是當今許多企業和上班族所面臨的共同問題。相對的，能透過失誤而掌握成長機會的人，會將兩者當作一個過程而已。

當你面對越大的挑戰，即使在第一次出錯後，就建立了預防機制，但在大多數情況下，下一次還是會出錯。雖然第二次看似與第一次相同，其實兩者情況完全不一樣。從第一次失敗中獲得的教訓，讓你下一次可以嘗試用不同的方法去實現目標。

持續挑戰的團隊，會不斷重複嘗試、犯錯、分析，藉此來尋找通往成功的道路。同樣的，如果一個人懂得累積經驗，知道這麼做行不通，便能在工作上獲得成長，他們在每次出錯後，都會提高工作的精準度，並且贏得他人信任。而適當

只要你不斷分析失敗並嘗試，最終就能實現目標

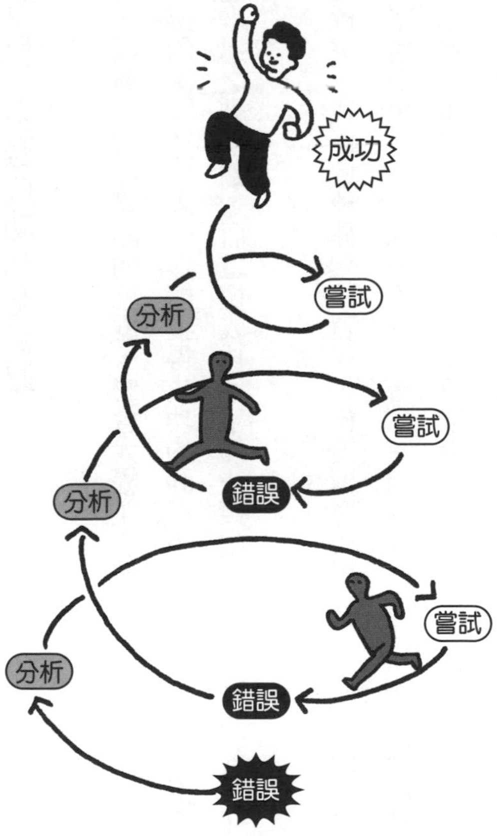

累積每次的失敗經驗，再進一步建立機制，也是活用出錯經驗的絕佳手段。

許多失敗其來有自，多數成功卻毫無原由

如果你想成功，面對失敗和錯誤的態度，將會大幅左右結果。無視錯誤和失敗的團隊或個人，還能獲得成功的話，不是執行過程本身沒有犯錯的餘地，就是幸運之神眷顧，而這種成功通常無法複製，只能被動的等候好運再度到訪。

為了提升成功機率，我們會積極彙整資訊，極度留意市場或對手的動向，設定好目標，並且為了避免失敗，而採取不同的嘗試。但這樣的方法，在競爭激烈的環境下，不僅難以趕上前方的對手，甚至還會被後來居上的新手超越。

另一方面，團隊或個人靠累積錯誤和失敗經驗來獲得成功，其中除了沒有犯錯的餘地、幸運之神眷顧兩種因素外，還有第三種因素：藉由失敗獲得成功。第三種因素，需要團隊與個人具備一定經驗，以及複製成功的能力。正因如此，有

餘力累積錯誤經驗的團隊或個人，能有更多機會逐漸提升達成目標的機率。

前陣子，我參觀了一家化學工廠，他們非常懂得累積經驗，進而轉換成加分項目。那座工廠負責處理危險原料，過去每年平均都會有兩名員工，在小型事故中意外身亡。為了改善情況，他們將公司內部的失敗經驗製作成資料庫，召開異常事故報告會議。之後的五年間，就沒再出過事，也沒有人員身亡，連社長都很驚訝：「這是公司成立以來，第一次連續多年沒有發生意外。」

如同這個例子，累積出錯案例，能化作團隊或個人的養分，並在重複犯錯、分析和共享的過程中，確實提升完成目標的機率。

看到這裡，或許有些人會想說：「既然都是要從經驗中學習，那我想透過成功，而不是失敗的經驗。」我能理解當回顧過往經驗時，能回想起的是成功經驗，而不是搞砸事情的經驗。然而，正如前面提到過的，有很多成功都是碰巧，也就是說，無論我們怎麼分析成功案例，也有很多時候是找不到原因的。

最近一個例子，就是在日本突然熱門起來的珍珠類飲品。我家附近也出現了幾間這樣的飲料專賣店，開在東京內的店鋪數就更不用說了。但珍珠飲料風潮的成功是一時的，不能複製。當然，對於流行元素較敏感的情報彙整能力，或是開店相關的專業知識等，也是延續到下一次成功的要素。但如果只是完全複製這次的成功經驗，不保證下一次也絕對能成功。這就像靠一招爆紅的搞笑藝人一樣，有可能只是恰巧跟上了時代風向而已。

另一方面，**在錯誤和失敗背後，都可以找得出原因**。例如，福島第一核電廠事故，這類的大規模事故也能找到原因。從失敗學會的角度來看，這起導致千人以上死亡的嚴重事故，主要原因在於，缺乏因應大海嘯的事前訓練及相關應變措施。此外，高層判斷失準等人為因素，也是重要原因之一。而在 Excel 上輸入錯誤這種小事上，也可能是因為打字途中被人搭話，或是看錯原本的資料內容等。因此，透過失敗、錯誤案例，所能學習到的經驗，不管在質或量上都是成功案例無可比擬的。

從成功案例中，我們只能得到一些模糊的心得：「下次照這樣做，可能就會順利了！」但是，如果是失敗案例，就會變成：「下次再這樣做，失敗機率還是很高。」兩相比較之下，**失敗案例，能相對提高達成目標的機率**。

出於以上原因，想在有限資源中做出成績，與其關注如何成功，不如回顧失誤經驗，反而能獲得更好的效益。

正如麥當勞創始人雷·克洛克（Ray Kroc）所言：「成功就在垃圾桶裡。」許多成功者並不執著於成功本身，也是出自同樣原由。這樣一想，犯錯和失敗，反而可以更靠近目標。假如沒有這些經驗，人們最終很可能只會原地打轉。

2 犯錯有五大主因，你犯了哪一個？

前面我曾說過，會出錯，是因為機制上出了問題。例如，在 Excel 輸入錯誤，導致訂單數量搞錯。當發生這類狀況，問題很可能出在，「訂單有誤也能夠下訂」的制度，或是一些必須獲得批准的文件，未批准也能繼續進行，那問題就出在，「未經批准也能繼續執行」的機制上。接下來我將告訴你，如何分析並克服，你也可以將這些觀點活用在工作上，從而改善自己的工作方式。

只要是人，就有可能不小心犯錯，這句話我可能重複很多次了，但要記得，這類錯誤都有幾項大原因，也可以透過事前防範盡量避免。要克服錯誤和失敗，就必須重新審視，並改善工作方式以及相關制度。

當看著同一道風景，或遇到一個人時，能從中獲取、思考些什麼，每個人都不一樣。

面對失誤，能提升觀察力、分析力

前一陣子，有個新聞報導，一位計程車司機覺得乘客不太對勁，於是通知了警方，結果對方是個通緝犯。那名司機指稱，因為乘客的西裝看起來鬆垮垮的，對目的地的指示也很模糊，他才感到可疑，不過這也歸功於計程車司機平常跟許多人打交道，從中所培養出的觀察、分析能力。

藉這個機會，我再介紹一個跟計程車有關的例子。經常可以載到乘客的計程車，和空車率較高的計程車之間的差距，似乎是因為具有觀察力和分析力的司機，會依照星期幾跟時段等資訊，歸納出容易載到乘客的地點。此外，有些計程車司機會特別留意站在對街馬路旁等待的人，也因此更能招攬到乘客。即使面對同一件事，結果也會因為個人的觀察力和分析力，而產生極大的變化。

那麼，為什麼我會在這裡特別提出這兩點？因為思考如何妥善面對錯誤和失敗的過程，也是提升這兩種能力的絕佳機會。

前面我一再提到，發生失誤，是制度上有問題。這也表示，當我們在思考如何面對錯誤和失敗時，必定會考慮到：「現行的機制，究竟有什麼缺陷？」、「該怎麼做，才不會再次出包？」換句話說，透過妥善觀察、分析，才能找出適當的因應對策。正因如此，才能在思考如何面對錯誤和失敗的同時，培養觀察力以及分析力。詳細內容將在後面介紹到，在本書中，我將個人失敗和出錯的原因，區分為以下五類：

1. 計畫不周全。
2. 學習力不足。
3. 缺乏傳達力。
4. 注意力不夠。
5. 外在因素。

計畫力、學習力、傳達力，是基礎能力

在這五個項目中，我認為改善計畫和傳達力這兩種能力，以及解決學習上的不足，是克服錯誤的關鍵。越是重視這些能力，就越不可能再發生相同的錯誤。

3 有時出點小錯，可凝聚團隊士氣

與團隊共同承受、克服錯誤和失敗，並從中成長，這樣的機制對職場人際關係以及氛圍，也會帶來正面的影響。假如一個職場的氣氛不太融洽，接二連三的有同事離職，或是瀰漫著一股難以挑戰新事物的風氣，最根本的原因可能就出在處理錯誤和失敗的方式上。

說說自己的失敗，締造同伴意識

無論是工作或人生，都與周遭的人際關係息息相關。在生活當中，總會有許多微妙的情感——有時看到某些人的臉就討厭，或是與職場上同事談笑風生，連早上擁擠的通勤時間都覺得沒那麼辛苦——我想，許多人每天都會有這種體會。我們的生活正處於這種神祕的環境之中，不斷來回振盪。假如將焦點集中在這些環境中，可能會看見失誤的另一個樣貌。

出錯，有時反倒可以改善你的處境。例如，你待的部門風氣比較保守，那麼部門同仁之間，必定會比一般人更加留意，盡量不去違反相關規則。

我的職業生涯始於一家美國私人企業，當時學會的其中一件事就是，假如能降低組織的成本開銷，即使會違反規定也沒關係。也因為這樣，我似乎經常與風氣保守的部門之間產生對立與衝突。

從我的角度來看，他們是以規則優先、有原則的人，但我相信，從對方的角度來看，我可能只是個嘴邊掛著以成本為考量，實際上是個輕視企業規則，令人困擾的傢伙。兩方如果都維持這樣的想法，就永遠只會是兩條平行線。

然而，在溝通往來的過程中，若是規則至上的那方，犯了一個明顯的錯誤，另一方就會想，「原來你也是會犯錯的」，因而產生親切感。許多例子在歷經這樣的事件之後，雙方都比較能夠放低姿態，找出彼此都能接受的結論。

在工作上結黨營私，被追究起來自然難辭其咎，不過倘若平常都被他人視為不會出錯的人，可以藉由犯錯，來顯露自己親和的一面，從而締造同伴意識。有個說法是：「閒聊時，說說自己的失敗經驗，可以迅速緩和現場的氣氛。」失誤其實可以為人際關係帶來潤滑效果。

寬容看待他人的錯誤

你身邊有沒有人在別人出錯時，會顯得特別嚴厲？我對這種人很難有好感。

正如前面內容所提到，雖然是人犯錯，但大部分都是機制上的問題。因此，不能只責怪那些不小心犯錯的人，假如是因為缺乏執行事務的能力，那責任應該在指派他工作的主管身上。但仍有些人，會故意在信件上用責怪或尖酸的語氣糾正對方，為人實在不夠厚道。

遇到這種狀況時，光看到信件內容就讓人很不愉快，我通常會選擇先放置一段時間。在工作上，不必要的厭惡感，是產生摩擦和延遲的主因。假如你對別人的失敗，容易過度嚴厲指責，要立刻改善，這對個人和團隊都是比較有利的。如果是你身邊的人出現這種態度，你也沒有必要太過沮喪，或是為此煩惱。

透過學習如何應對失敗和錯誤，你可以選擇對他人寬容，並且進一步改善自己的工作環境。

失敗了，有時可以凝聚團隊

失敗會凝聚團隊。

許多新創企業會面臨到一種狀況，在初期業績表現良好，事業也漸漸上軌道時，每個員工都自由自在、朝氣蓬勃的認真工作；但一旦企業陷入經營困境，員工就會接二連三的辭職離去。即使高層沒有特別勸退員工，企業所遭遇的困境也沒有糟糕到要倒閉，員工還是會選擇離開，經營者到最後才發現，身邊根本沒有真正能夠信任的人，而我認為，這跟企業在全盛時期如何應對失誤，有相當大的關聯。

首先，即使企業已經上軌道，在日復一日的工作中，必定仍會出錯。上級對每次事件的反應及評價，都代表著團隊對失敗及錯誤的包容力。

團隊是否能正確分析、共享問題，並且避免同樣的狀況再度發生，這些都將大幅影響員工的歸屬感——共享失敗和失誤，累積屬於自家企業的獨有經驗，最終共同克服困境，讓團隊更加團結。

如果你在工作上覺得，「跟周遭的人好像有點疏遠，很難做事」、「不太能聊工作以外的事情」、「關係好像有點緊張」，不妨將失誤當作一個機會吧。只要包容他人的失誤，對方也能放開力道、緩解雙方的緊張感。反之，當你自己犯錯或失敗時，也請誠實承認並道歉，這也會使你周遭的人的態度緩和下來。

有時候，我們會試圖想挑戰什麼，最後卻以失敗告終。這種經驗，也可以視為團隊在達成目標過程中的成功來源。

我們是否能將錯誤和失敗視為成長過程之一，並將經驗引進團隊，促進團隊共同成長？這些都是能累積成功經驗的團隊所擁有的共同點。

缺點，有時是一種魅力

如果一個人不斷重複出錯，就會被視為缺點，例如健忘、常說錯話、習慣遲到等，大多數人可能會試圖改掉。如果是會給別人添麻煩的壞習慣，最好還是改掉比較好，但是，我覺得一個人的缺點，也是一種魅力。

例如，世界知名的漫畫人物——神偷魯邦三世，也對神祕女盜峰不二子沒轍，經常被她設計利用。不過，當魯邦三世被同伴拋下，陷入重重危機時，總是能設法掙脫困境。從失敗學來看，幾乎都想送給他一句：「訂好你的機制，別再輕易被騙啦！」但正因魯邦三世有弱點，觀眾才更能從中深切感受到他的魅力以及人性。

日本喜劇電影在二〇一九年公開第五十部系列新作的《男人真命苦》，其中的主角寅次郎也是個講起話來有些刁鑽、動不動就拳頭相向，感覺在現今社會難以生存下去的人物。但看到寅次郎那副模樣，總是不禁令人會心一笑，他也擁有許多忠實粉絲。歷年各部作品，都會有當紅女星客串演出，但寅次郎的戀情，最終都無法開花結果。在電影中，寅次郎這個吸引大眾的角色，總是太過輕率又鑽牛角尖而處處犯錯，但也就是因為這樣，更能讓人直接感受到他的真性情。仔細想想，跟動作場景較多的好萊塢電影相比，日本電影似乎比較傾向聚焦在人與人之間的情感上。

平常看似完美，或是因為工作能力太強的人，總讓人有些難以親近，但一旦顯露出其缺點，就會給人一種比較好親近的感覺。顯露缺點、展現出錯的樣貌，有時也會帶來好處。

專欄1

搞砸事情被人笑？無妨

出包時，有時會引起周遭人們發笑。

我出身於大阪，時不時會半開玩笑的說：「自己的人生就是為了逗他人發笑。」所以當我出錯，而惹得別人笑出來的時候，我反而會有種「耶，他笑了！」的感覺。不過，自己的行為被別人當作笑料，很多人應該都會有些懊惱吧。這時也只能轉念一想：「這世界上可能也有那種因為出錯被笑，還會覺得很幸運的人呢！」

據說笑容跟健康、長壽有很大的關聯，在科學上也有一定程度的佐證。不管在日本或美國，都有以幽默療法、大笑療法來治療癌症的事例。羅賓・威廉斯（Robin Williams）所主演的《心靈點滴》（*Patch Adams*），就是一個將真實故事改編為電影的實際案例。

笑容比你想像中的還要有影響力。例如，在出錯或失敗時被別人嘲笑，或是覺得自己被輕視時，只要「哇哈哈」的笑個幾聲，當場就能緩和一切。職場上的人際關係不夠圓滑時，或許可以藉由某個失敗經驗為切入點，搏大家一笑，藉此緩和氣氛。

平常想怎樣把自己的失敗經驗當作笑料來分享都可以，但如果是別人出錯時，就必須考慮一下當事人的感受。即使周遭人聽了都笑得很開心，當事人若是不悅，整個職場氛圍就會立刻惡化。這或許會成為，近幾年在充滿職權和精神霸凌的社會中，彼此產生摩擦的另一個原因。

此外，即使將錯誤當作笑料，也絕對不能藉此進行人身攻擊，理由應該就不需要我特別說明了。

第三章

光靠努力沒用，你需要找出錯誤的工具

1 曼陀羅圖，魔鬼藏在細節裡

在檢討所有失誤時，必須先觀察、分析，再根據分析結果，細分原因並制定對策。首先，讓我們來看看如何透過觀察和分析找出原因。

第一〇〇頁為曼陀羅圖，是我用於客觀審視錯誤和失敗，與分析其原因。透過此圖，你可以從各種角度審視失敗。在逐一檢討每種可能的因素後，你一定能找出原因。遵循曼陀羅圖，進行系統性分析，就能降低失誤機率，即使是自己犯下的錯，也能冷靜分析、尋找原因。

這張圖，是基於失敗學會積累的案例所製成，並從團隊責任和個人責任兩種角度探討失敗原因。但是，涵蓋了兩種角度的曼陀羅圖有太多元素，無法用於個人。因此，我精心挑選了其中幾項重要元素，讓各位可以活用。

接下來，我將公開自己的失敗經驗，並解說如何用曼陀羅圖來分析。為了讓各位能充分理解這個失敗，我們必須先了解其背景。相關說明可能會有些長，還望讀者見諒。

找出三個主要問題

我在二〇一九年四月，開始在先前介紹的實驗室工作，除了理工學院以外，該實驗室也要進行改善東京大學整體安全性的研究。作為這項研究的一環，我們必須收集關於揮發性有機溶劑產生有毒氣體並擴散的相關數據。為此，實驗室需要於多個測定點測量氣體濃度，但測量儀器價格高昂，只有一臺。儀器雖然方便搬運，但挪動該儀器時會攪亂氣體，導致難以準確測定。

因此，我們決定在各個測定點裝設管線，並將管線接上一個名為歧管（由複數相對較小的管道，匯流成一條較大的管道的交匯處）的裝置，然後打開裝設在每條管線上的電磁閥，測量該測定點的氣體。由於需要精準的在某個時間

分析個人失敗原因的曼陀羅圖

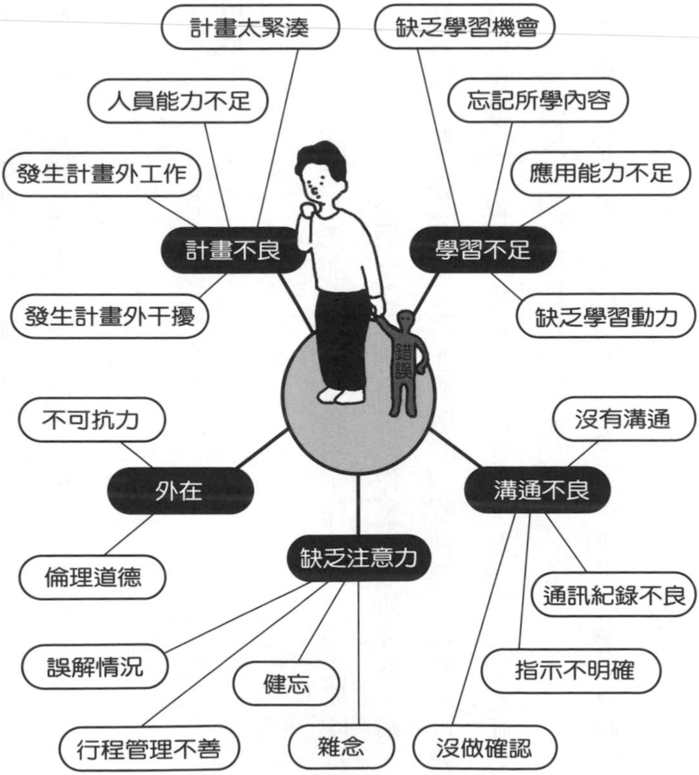

點按下開關，比起手動，機器更能勝任這份工作，因此，我們決定使用樹莓派（Raspberry Pi，一種手掌大的超小型電腦）來驅動電磁閥。

會想使用樹莓派，是因為我在東京大學創造設計課程上，看到有個學生使用。課堂上，我發起了一個研究項目——製作不用手持，在下雨時能自動漂浮在頭上的傘，並在最後一堂課讓學生發表研究成果，當時學生所運用的工具正是樹莓派。

大家都非常熱情參與這個研究項目，這些學生在當年度的失敗學會海報大賽、設計挑戰賽中獲得了總冠軍。之後在學生的幫助下，包含我在內的社會人士團體第一次使用樹莓派，開發出了「水母帽」（當人們在游泳池或其他地方溺水時，能迅速向周遭人求救的蛙鏡）。

因此，我決定在這次的項目中，使用樹莓派和電子電路，來多點測定有機溶劑氣體濃度。用於測定多點有機溶劑氣體濃度的電子電路設定如下：當開啟某一個電磁閥時，其他電磁閥將全部自動關閉，此外，所有的電磁閥不會在同一時間關閉。

● 第一次失敗

在製作多點測定裝置的過程中，我注意到的第一件事是，與在 5V 驅動電壓基礎上建構的電子電路相比，樹莓派的輸出電壓只有 3.3V。這裡的問題是：樹莓派與電子電路有電壓差距，當開啟開關時，樹莓派能否確實將電壓傳送至電子電路。

當時我還在學習如何使用樹莓派，並在網路上找到了輸入輸出端子（電機工程中，端子多指接線終端，用於傳遞信號或導電）配置圖。圖上標示了持續輸出 3.3V 的端子，所以，我決定先給電子電路的端子輸入 3.3V 和 5V 的電壓，觀察是否會有變化。

我準備了鱷魚夾夾電線，將紅色鱷魚夾夾在樹莓派 3.3V 的端子上，並在樹莓派的其中一個接地端子夾上黑色鱷魚夾，再將黑色電線另一端的鱷魚夾夾在電子電路的接地端子上。

在此狀態下，只要將紅色電線接上電子電路的輸入端子，就可以觀察電子電路的反應。但是，當我將電壓測試器接上電子電路的輸出端子時，測試器卻沒有任何反應。我疑惑的檢查樹莓派，才發現黑色鱷魚夾傾斜了，看來是我太急著想知道結果，過度用力拉扯到黑色電線的關係。

我趕緊調正黑色鱷魚夾，並小心翼翼的連接線路，避免過度拉扯，但電壓測試器依然沒有任何反應。當我確認監視器螢幕時，發現螢幕畫面全黑，什麼都沒有。我試著關掉樹莓派，並再次啟動，但螢幕仍然是黑的。

這有兩種可能，搭載操作系統和軟體的 Micro SD 記憶卡故障，或是樹莓派本身短路。我趕緊使用其他 Micro SD 記憶卡並檢查樹莓派，最後確定是樹莓派短路。換句話說，雖然樹莓派能執行我所編寫的程式，卻會發生故障。

從當時的情況來看，被我用力拉扯的黑色鱷魚夾，似乎碰到了隔壁持續輸出 5V 電壓的端子，導致一股意料之外的強大電流流入樹莓派。

● 第一次失敗的原因

讓我們用曼陀羅圖來分析本案例失敗的原因。

此次失敗的原因，首先是操之過急，因此可歸類為缺乏注意力中的雜念。此外，我極度缺乏使用樹莓派的經驗，低估了對輸入輸出端子的操作，此失誤可歸為人員能力不足。最後，我缺乏學習樹莓派的相關知識，此原因可歸類於缺乏學習機會。

這次的失敗儘管只造成幾千日圓的金錢損失，但對我來說卻是個嚴重打擊，即使到現在，光是回想起這個經驗都讓我覺得有些難過，但只要透過曼陀羅圖分析，我就可以站在客觀角度，冷靜審視自己的失敗。

● 第二次失敗：

經過調整之後，我成功克服了第一次失敗，確認樹莓派的 3.3V 輸出電壓可以輸入到電子電路，但接下來又失敗了，是因為電子電路連接的關係。

這次，我決定將電子電路分為四塊電路板，分別為：從家用 100V 交流電，轉換為驅動電磁閥的 12V 直流電，與提供 5V 電路元件的電源部分；當一個電磁閥開啟時，自動關閉其他電磁閥的邏輯部分；手動選擇電磁閥的開關，以及於LED顯示哪個電磁閥正呈現開啟狀態的手動控制部分；直接於LED顯示樹莓

曼陀羅圖可以客觀分析個人失敗的原因

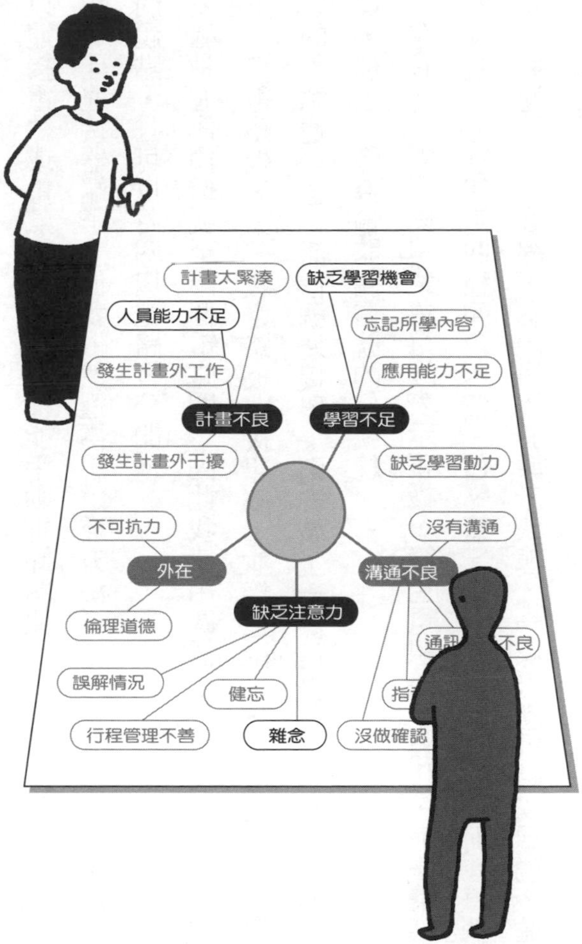

派的輸出數據。

我沒有用電線直接連接每塊電路板，而是使用莫仕（Molex）連接器，莫仕連接器可以連接電線或電氣用具，是一種能手動拆卸的便利工具。雖然必須自己壓接電線和莫仕連接器端子，但我依然選擇用這種方法，好處是故障時，可以更容易找出問題點，且可以將四塊電路板分開。

由於要驅動並傳輸信號至四個電磁閥，因此我使用四個小型莫仕連接器，將電磁閥與第二塊電路板、第三塊電路板連接起來，並接上由 5V 直流電源和兩個接地所組成的電源連接器。而信號連接器上則安裝了三條信號線——LED兩側共裝設兩條，加上一條傳輸開關信號的信號線。

我決定在LED兩側使用紫色電線表示正極，綠色電線表示負極，並根據四個電磁閥的編號，分別使用四種顏色（黃、白、藍、紅）作為信號線。而在每個莫仕連接器上共連接了三條線，有兩條用於顯示狀態，一條對應電磁閥編號，並用於開關電磁閥的電線。

三條電線的前端壓接安裝於莫仕連接器的端子上，依照綠色、紫色、空格、各個電磁閥編號的顏色，依序插入連接器的端子孔中。我另外用了一個稍微大一點的莫仕連接器，來連接作為接地和5V電源。

這種情況下，謹慎的人會逐一連接電磁閥，循序漸進的檢查各個電磁閥的運作情況。但我終究還是太性急，一口氣就連接了四個電磁閥，並正式測試。然而，測試並不順利，當我按下三號開關時，三號的LED沒有亮起，反而是一號的LED亮了。

檢查配線時，讓我驚訝的是，三號連接器的電線順序是綠色、紫色、空格、藍色，但另一端的連接器卻是藍色、空格、紫色、綠色。原來是我將兩條LED的電極線，和信號線的電極線插入其中一側的莫仕端子時，我沒有注意到連接器方向顛倒。在我對照兩個連接器時，也沒有留意到配線的顏色順序不一樣。

● 第二次失敗的原因

讓我們再次用曼陀羅圖來分析這次的失敗吧。第一〇九頁的圖是第二次失敗的原因。

對於這類型的失敗，你可能想歸為右下角的沒做確認，但這項歸類在溝通不良之下，溝通不良是指沒有與他人確認的意思，所以，這項錯誤應該歸在缺乏注意力分類下的誤解情況會更加準確。此外，沒有注意到電線顏色的順序顛倒，則屬於計畫太緊湊。

僅透過兩個失敗案例，就能清楚發現，我缺乏注意力和計畫不良。我們往往容易忽略顯而易見的失誤，而這些可能都是我們犯錯的原因。希望大家依照曼陀羅圖，仔細的逐一審視每項因素。當你發現自身的弱點，就有機會克服，我將在第四章至第七章中，詳細介紹克服每項弱點的方法。利用曼陀羅圖，大部分的人應該都能夠找出失敗原因。各位務必活用這項工具，客觀分析自己的失敗，並自我審視。

另外，這裡所介紹的曼陀羅圖，對我來說很方便，對讀者來說卻不一定如此。請讀者在分析自己的問題時，隨時增加或刪減分類項目，藉此升級自己的曼陀羅圖。

透過曼陀羅圖解讀「第二次失敗」原因

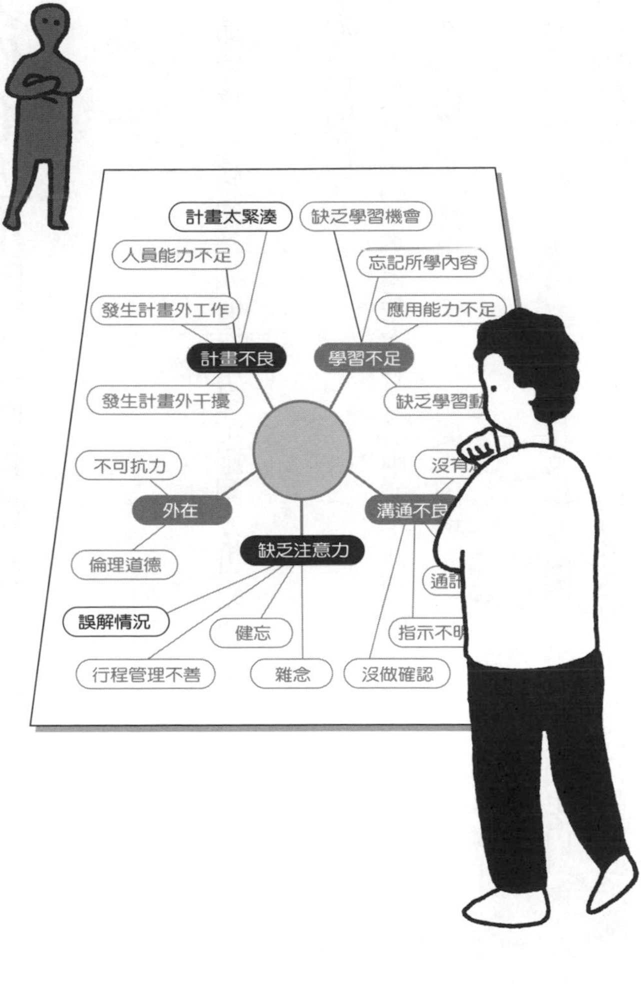

2 製作敗因地圖，降低情緒化判斷

在本章節最後，我將總結如何使用曼陀羅圖分析錯誤和失敗。

1. 準備好曼陀羅圖。
2. 一邊思考失敗原因，一邊依次查看其中的十八項因素。
3. 在十八項因素中，挑出一至三項主要原因。

其中的關鍵是第三點，挑出一至三項作為核心原因。為了明確制定出對策，要只選擇那些你認為完全符合的項目。為此，使用者必須保持客觀冷靜。曼陀羅圖的描述相當條理分明，使用者應該能相對冷靜分析，千萬要避免做出情緒化的偏頗判斷。

假如你無法順利運用此工具，或是容易被情緒左右判斷，那最好先偷偷分析同事或朋友的出包案例，或是將社會上的爭議事件作為練習，也是不錯的選擇。

此外，如果將曼陀羅圖的用途擴展至自身愛好，分析會變得更有趣。例如，如果你喜歡相撲，當支持的相撲選手輸掉比賽時，你就可以用曼陀羅圖分析選手的敗因。或者，如果你喜歡棒球，也可以用此分析球隊輸球的原因。透過分析自己的愛好，你將能累積與先前略有不同的使用經驗。

如果你特別製作了相撲或棒球版本的敗因曼陀羅圖，我想你一定能從中學到訣竅，並針對自己的需求，製作方便自己使用的曼陀羅圖。

第四章

多數人最常發生的錯，拖延，怎麼避免？

1 計畫永遠趕不上變化，怎麼解？

在分析錯誤並釐清原因之後，我們應該開始建立一個，能從根本改善每項原因的機制。在第四章至第七章中，將分門別類探討計畫不良、學習不足、溝通不良、缺乏注意力這四項。

如果要從根本上解決當下發生的失誤，就必須找出解決每項問題的方法，透過這些辦法，也能提升你的工作能力。

改善計畫不良，大幅提升工作能力

首先從計畫不良開始。

計畫是一切的根本，著名的PDCA循環也具有相同的理念。PDCA可以通過計畫（Plan）、執行（Do）、檢核（Check）、行動（Action）得到答案，並能跟上變化多端的商業環境。如果第一個計畫就偏離目標，不僅會增加循環次數，還會讓後續過程複雜化，因此計畫的品質將會影響後面整體工作的品質。

本章節討論的計畫也是同樣道理，如果你有一個很好的計畫，即使在學習力、傳達力、注意力等方面碰到一些困難，也能順利進行下去。

因計畫不良而出錯，主要是由下列四項因素之一所引起——**計畫太緊湊**、**人員能力不足**、**發生計畫外的工作**、**發生計畫外的干擾**，接下來就讓我們探討會有這些因素的原因，與培養這些能力的方法吧。

計畫太緊湊？因為沒有做好應變措施

如果流程都沒有問題，工作卻無法及時完成，這種情況就是計畫太緊湊，想必大家也都有過類似經歷吧。

計畫有餘裕，是指事情都順利進行的情況下所多出的時間，但應該沒有人能在行動時還保有從容吧。許多人都是以順利執行為前提在制定計畫，但實際上，這才是出錯和失敗的根源。例如，拖到最後一刻才出門，偏偏遇上交通事故。

近年來，已經能大致預測颱風等大型氣候的變化，但即使如此，我們的計畫有時仍會因突如其來的暴雨，或是異常氣候和大型颱風而有所耽擱。

那麼，我們應該怎麼做才能防止計畫太緊湊？有以下五種應對方式：

1. 時間上的餘裕

我們必須提早行動，和預留充裕的時間，但如果只是徒留充裕的工作時間，最終將白白浪費。那麼，如何不浪費又能擁有充裕的時間？

首先，如果可以自己決定與客戶見面的時間，那就盡量把時間定在下午剛開始時。如果你打算在約定地點附近吃午餐，那就算時間有所耽誤，也可以到便利商店簡單吃個三明治節省時間。利用上述的方式調整行程表，就能擁有充裕的時間執行計畫。

接下來是隔天早上預計到外地出差的案例。

我每年大約需要在外縣市舉辦十場左右的講座，如果演講是從一大早開始，我會盡量在前一天就抵達會場附近，並在那裡過夜。對我來說，即使這只是十場中的其中一場演講，但對於那些邀請我的人來說，卻是一年一度的大活動，為了尊重主辦方，我不能以交通事故當作遲到的藉口，就算必須自掏腰包付住宿費，我也不會改變這項原則。

關於日常出差旅行，各位讀者們可以依其重要性來判斷。如果你也跟我一樣，即使必須自付住宿費，也不願遲到，那麼，在前一晚就到會場附近過夜，會是個不錯的選擇。

2. 工作上的餘裕

在探討如何保留工作餘裕之前，根據我過去的經驗，我發現人們制定計畫的方式相當馬虎。原因是，當人們在執行一項計畫時，往往會把全部的上班時間，視為執行計畫的時間。

如果你回想自己日常的工作，就會發現情況並非如此。你會收到與計畫毫不相關的電子郵件，或是必須解決一些例行公事。此外，還有例行會議和月底的常規工作等。如果制定計畫時，沒有把處理瑣事的時間算進去，那麼這項計畫本身就已經過於緊湊。

為了正確掌握自己的工作時間，請試著記錄自己每天處理雜務和電子郵件的時間，如果將一天的工作時間視作一〇〇%，你就能知道自己花在雜事的時間比例占了多少。

當記錄一星期左右後，你就會知道需要在計畫中，安排多少時間處理計畫外的事。然而，如果你知道在一年中的某些時段——例如月底——會有一定量的工作需要完成，則可以提前將這段時間安排為無法執行計畫期間。

3. 行動上的從容

接下來，是關於行動上的從容。

在搜尋轉乘方式時，你習慣將轉乘所需時間設定得非常短嗎？如果是遠離市中心的終點站可能還來得及，但想在東京車站，或新宿車站快速換車，則非常困難。在繁忙的車站裡，有許多低頭族，或是拉著行李箱的旅客，想要輕鬆快速轉乘幾乎是不可能的事，行動上的計畫太緊湊，就是指這種狀況。

但是，我並不認為任何時候都要給予自己充足的行動時間。如果你喜歡做事緊湊，那麼就維持這種行事風格吧，最重要的是找到適合自己的做事步調。

前面所提到的時間上的從容，和工作上的餘裕也是如此，**餘裕和多餘只有一線之隔，只能靠自己尋找最恰到好處的安排**。

4. 不適用「從容」的案例

在本章節探討「餘裕」時，我腦中出現了一個疑問：在制定一項新的計畫，或創造新事物時，要如何安排適當的餘裕，以確保在期限內完成計畫？目前為止介紹的案例中，有許多來不及推出新產品的例子，例如以日本瑞穗銀行為首的金融機構所發生的ATM系統故障事件。

老實說，當我自己開始創造一樣新的東西時，我並不會為自己保留空閒（我會先假設，但在實行之前，我無法確定事情是否能成功）。我不會制定計畫，一旦有了某個想法，便開始全心全意投入其中。

如果計畫過於緊湊，那我們只能隨機應變。瑞穗銀行成立時，其實可以先完成企業合併，等ATM系統完成後再推出，如此一來，就能避免系統開發趕不上期限。或者，如果在開發途中發現ATM系統無法如期完成，也可以選擇推遲發布日期。

「必須在銀行的合併日啟用新的ATM系統」，這項決定，反而暴露了計畫過於倉促的問題。先不論管理階層是否有注意，ATM系統的開發人員一定早已發現系統漏洞。如果瑞穗銀行有正視這項問題，並延期系統發布日，其實就可以避免日後系統癱瘓了。

對一間公司來說，來不及完成計畫是種恥辱，但發布的產品有缺陷則是更大的汙點，毫無疑問，這將導致無可比擬的企業損害和損失。

事實上，美國的丹佛國際機場在引進新的行李分類系統時，推遲了該系統的發布日期。該系統未能如期完成，導致新機場閒置了一年以上。最後，機場推出的行李處理系統，比原先計畫的規模小了很多，並保留了部分人工手動作業。從這個案例可以看出，比起為了趕上期限推出有問題的系統，還不如延期，將系統完善後再推出。

順帶一提，我認為日本很容易在發布日推出缺陷產品。我能想到的國外類似案例只有微軟（Microsoft），微軟推出的產品在發行初期雖然相當脆弱，但微軟會提供修正程式來逐步改善系統，並採取相關應對措施，避免引發重大事故，微軟的對策，相較於目前為止介紹的日本企業失敗案例，手段可說是高明許多。

為什麼日本特別容易發生？我並不知道確切的原因。但是，可以從幾個方面思考。

首先，在大多情況下，計畫的策劃人往往沒有資訊工程的相關經驗，且公司內也沒有經驗豐富的團隊，都是將系統外包給外包公司，且公司內甚至沒有人能製作完善的規格需求書（描述系統需要什麼功能來滿足其需求的文件）。

另一個趕不上發布日期的原因，可能是因為日本在製造時特別注重細節，例如，二〇〇二年至二〇〇三年，東京電力公司的核電站就曾隱瞞問題。在核子反應爐中，有一個稱為爐心側板的零件，東京電力公司隱瞞該零件的損傷，將其作為全新的零件使用，並偽造維修資料。

其實，爐心側板使用多年後，表面自然會有些微損傷，而這些損傷完全不會影響核電站的安全和運作。但是，在需求事項中要求必須使用「無損傷」爐心側板，才會發生核電站為了使用已損傷的爐心側板，而隱瞞一事。

這種對非必要細節的堅持，是日本獨有的文化，而這也是人們會說日本產品做工細緻精良的原因。但另一方面，與產品本質無關的部分，會花費大量的成本，這也是導致開發延遲的緣故。就像本案例一樣，如果隱瞞一些非講究的細節，就可能會讓公司的信譽下滑。

當涉及金融機構系統和人命時，安全是最重要的，但這並不代表大家必須放棄所有的堅持，重要的是如何為這些事項安排優先順位。此外，本章節提出的，「不要推出未完成的產品」理念，並不適用於所有工作。

只有在正式發布日或向客戶交件時，才需要提出完成品。如果想把分配給自己的工作做到完美才提交，可能會失去與同事討論和完善的機會，導致無法完成計畫。最好的做法是，**與公司或團隊成員反覆討論、試驗，提高計畫的完成度**。

5. 針對計畫缺乏餘裕的實際應對措施

東日本旅客鐵道（JR東日本）在經歷無數次計畫太緊湊而失誤後，在二〇一八年第二十四號颱風（強颱潭美）襲來時，採取「事先發布停駛公告」對策。

在此之前，如果遇到颱風，各條鐵道路線都是臨機應變，像是臨時停駛或是拉長發車間距。但如果這麼做，可能會讓民眾誤以為列車還在行駛，但到了車站才發現停駛。每次只要碰到颱風，車站都會陷入一片混亂，JR東日本為了解決這項問題，決定在颱風來之前事先發布停駛公告。

雖然民眾對這項應對措施的評價好壞參半，但我給這項計畫非常高的評價。即便我們可以在某種程度上預測天氣，但災害影響嚴重或輕微，卻不是人類能夠預測的。如果直到最後一刻都不停駛，反而可能更危險。事先發布停駛公告，也能避免災害發生時危及人命。

這種概念就跟小學放颱風假一樣，「颱風造成的災害和風雨比預期小，學校平白無故停課了一天」，比「學生在強大風雨中上學而發生事故」還要好上數十倍，對上班族來說也是如此。

經過這次的案例後，各家鐵路公司在應對強颱時，都積極採用事先發布停駛公告這項對策，我認為這種意識上的變化，對日本社會是有幫助的。

關於鐵路的計畫缺乏餘裕，還有一項需要關注的重點，那就是隨著月臺門的普及所帶來的單人駕駛化問題。

自二〇〇五年以來，日本乘客墜落月臺的事故不斷增加，二〇一三年達到兩百三十一件，是二〇〇二年一百一十三件的兩倍。二〇一七年，事故數量雖然逐漸減少到一百七十八件，但依然是一個不容忽視的數字，而月臺門能有效防止人們墜落鐵軌，並能實現單人駕駛列車，減少人事成本。但是，當發生緊急狀況時，僅靠一位駕駛員，真的能成功引導所有乘客嗎？

日本一節列車的承載人數約為一百五十人，在尖峰時段，承載率可以達到二〇〇％，簡單來說，十節車廂的列車，在尖峰時段共有三千名乘客。如果車站發生緊急情況，可能會有常駐站員們引導乘客，但我擔心的是，如果在車站和車站之間發生突發狀況時，駕駛員該怎麼解決。

當我提出這項擔憂時，可能會有人說：「日本的鐵路技術如此優秀，不會發生什麼緊急狀況吧。」但這種疏忽，就是出錯的溫床。二〇〇三年，在韓國大邱就曾經發生過一起人為縱火所引起的地鐵火災。

地鐵內發生火災，真正可怕的不是火焰，而是煙霧。氣體中毒或窒息死亡的風險，遠遠高於被燒死的風險。尤其是東京的地鐵，就像螞蟻穴一樣建於地下深處。都營大江戶線的六本木車站，是東京最深的車站，據說六本木車站位在地面以下四十二公尺處，約有十層樓深。煙霧能以每秒三到五公尺的速度垂直上升，但人類絕對無法以這種速度跑離站內。

通過這種車站的列車上，只安排一位工作人員真的沒問題嗎？

任何工作中，都可能發生計畫缺乏餘裕的情況，在一開始的策劃階段，就要保留必要的從容。如果執行過程中，發現計畫太緊湊的苗頭，就要立即採取應對措施。

似乎能夠勉強趕上期限，這種狀況必須視其重要性，和個人的做事步調來判斷，但趕不上期限，則可以靠計畫預先防範。

主管要充分掌握部屬的專業領域

接下來要探討「人員能力不足」。當主管對部屬的能力判斷有誤，導致當事人無法勝任被分配的工作時，即歸類於此項目。

「我以為他能勝任這份工作，但這並非他的專長，因此他無法做到」、「委託的工作內容和其專業領域有所出入」、「我先前花兩個小時就完成了這份工作（其實當初花了更多時間，但事後卻忘了），不過這次卻無法在兩個小時內完成」，工作中可能會發生這種情況。

例如，從外人的角度來看，我是一位電腦方面的專家。實際上，我雖然可以自己製作應用程式，但作業系統卻不是我的專業。然而，對於那些不了解這些領域的人來說，他們無法分辨應用程式和作業系統之間的區別。在上述情況下，假設我被分配建立作業系統，我可以向主管反應「這並不是我的專業領域」，但如果因說不出口，而默默埋頭苦幹，或是抱著邊學邊做的心態，最終可能因為無法確實掌握自己的能力，就容易出錯。

那麼，要如何才能防止？首先，如果你是主管，你必須了解並掌握部屬的能力和專業領域。隨著工作和專業領域越加細化，主管和部屬之間的交流卻逐漸減少，就更要充分掌握部屬的能力。

此外，即使部屬的專業領域，與被分配的工作不完全吻合，也不一定會出錯。如果他是一位很能幹的部屬，或許能做稍微超出自身能力範圍的工作，身為主管，了解部屬能力範圍的同時，也必須掌控其辦事能力，這是分配工作時的關鍵。

假如你是部屬，就要注意對你而言不同，但在其他人眼裡看起來相同的工作。例如，小說家和記者的工作都是寫作，但我並不認為這兩者的工作能混為一談。如果你能與主管反映和共享這兩者專業領域間的細微差異，就能避免犯錯。

如果你的工作不存在上下階層關係，那多認識一些其他專門領域的專家，也是防止自己能力不足的關鍵。假設你決定要自己製作一個電子電路，也在網路上查詢了相關資料，卻無法如願進展時，就可以詢問了解相關知識的朋友。其實，我也嘗試過自己焊接電路板，但成品外觀卻和市面常見的不一樣，於是我詢問認識的專家，他馬上就看出我需要裝設冷凝器。執行工作時，許多人會先聽取專家的意見，再進行適當的調配。因此，廣泛建立人脈也是種不錯的做法。

挪出少許娛樂時間，解決計畫外工作

計畫外工作，顧名思義，就是指出現預料外的工作，打亂整體計畫。突如其來的電話，客戶突然前來拜訪，工作用的電腦突然故障、當機、數據消失，家人或親戚突然生病、發生意外，或是你的團隊有人因病或其他原因不能上班，而你不得不補上他的缺，這些都算計畫外的工作。當同事因為某種原因無法完成工作，或是遇到恐龍主管，突然強迫你做某件工作，這也是計畫外工作的範疇。

如果量少，可能還能利用多餘時間完成，但大多數情況下，當我們急於應對突發狀況時，計畫就會因此被推遲。用於處理突發性工作的時間，只能從其他地方來補足。你可以改變工作行程表來應對，例如，空出平時出去喝酒的時間，或是在假日安排工作。

但是，上述方法只適用於晚上或假日沒有安排工作的情況。如果你平時就是每天從早上八點工作到半夜十二點，且不分平日假日，那麼你可能也無法挪出時間。近年來，由於相關規定限制了假日工作和熬夜加班，不妨試著活用這股趨勢，將平時花在休閒娛樂上的時間，當作應對緊急狀況的時間吧。

如果你有年幼的孩子或是單親父母，可能很難挪用其他時間來處理計畫外的工作。如果身邊沒有可以依靠的父母或朋友，那只好委託臨時托育和保母，花錢解決問題。

雖然根據工作類型和僱傭條件，應對方式或許會有所差異，但與其抱著「來不及在期限前完成計畫與我無關」的心態，不如去思考如何彌補計畫外工作所造成的損失，如此一來，更能提升團隊的凝聚力和工作的成就感。

第三個原因「計畫外干擾」，是指與計畫沒有直接關係，卻妨礙執行計畫的事情，例如天災、交通問題、事故等。現在，我們可以在一定程度上預測颱風和暴雨，但最具影響力的可能是地震，或是人禍。

有干擾時，重新審視計畫再行動

我至今遇過最有影響力的一件計畫外干擾，是一九八九年的洛馬普里塔地震。當時我是史丹佛大學的學生，正在接受一個人訪談時，突然發生了劇烈震動。我直到現在都還記得，平時只需要花三十分鐘的高速公路車程，當天居然花費了兩個小時。

地震過後的某一天，我來到特曼工程大樓（二〇一一年已拆解）五樓的實驗室時，發現地上倒著一臺IBM XT映像管螢幕，地震造成了不小的災情。我將螢幕放回原來的位置，也順利啟動了。幸運的是，IBM的電腦非常堅固，沒被震壞，因此地震只讓我損失時間。

如上述，大地震是最大的計畫外干擾，日本又是地震大國，更不能無視此情況。事實上，二〇一一年的東日本大震災，在東北地區造成了很大的災害，但在學習了一九九五年的阪神大地震，與二〇〇七年的新潟縣中越沖地震的經驗後，東北地區的居民積極的學習和執行業務連續性計畫（Business Continuity Plan，簡稱ＢＣＰ），東北地區很快就回到了正軌。

面對大地震這樣的計畫外干擾，如果能在災難發生前就做好計畫，該計畫便能成為應對突發情況的思考訓練。如果我們在平時就有訓練自己的思維，當發生突發事件時，便能夠幫助自己應對，避免在突發事件中驚慌失措。當然，也需要準備防災物資，但除此之外，我很推薦制定生活連續性計畫（Life Continuity Plan，簡稱ＬＣＰ），該計畫能幫助你思考如何恢復地震前的生活。

接下來要探討的是人禍，**在職場最常見的就是，來自主管或客戶的不合理要求**。這時該如何應對？如果對象是主管，最好讓主管清楚知道你當前的工作狀況，並請示主管判斷工作的優先順序。如果你和主管擁有相同的利害關係，主管應該會允許你調整計畫。當對象是客戶時，最重要的也是與客戶協商。

如果你實際詢問那些提出不合理要求的人，你會發現他們的要求通常是提早交貨，或是開出更嚴苛的要求。但如果你真誠的與對方協商，對方應該還是能在一定程度上體諒你的立場。如果你的客戶或主管老是提出不合理的要求，且無論怎麼協商，也無法改變這個狀況又該怎麼辦？你可以考慮與這些人保持距離。如果對方是客戶，你可以終止契約或更換負責人；如果對方是主管，則可以提出變更工作部門或轉職。

我經常去一家酒吧，該酒吧的老闆最近禁止某位顧客入店消費。這位客人是常客，每月都會消費數十萬日圓，但他的行為總是旁若無人且肆意妄為。雖然禁止該顧客入店，對酒吧來說是個損失，但在聽了這個故事後，我變得更喜歡這間酒吧。

對於發生計畫外工作，和發生計畫外干擾兩個項目，我們基本上只能在每次發生狀況時隨機應對。但是，我們可以預先擬定計畫，防止其發生，或是在發生時將影響降到最低。以下我將介紹兩個方法：

1. 掌握進度，有時得在下班後

很多計畫外的事件，其實與團隊成員的個人情況有關。例如，在團隊中擔任重要崗位的部屬，因為家庭或健康上出問題，導致他在某個時期無法參與工作，或是在重要日子突然缺席。

在我剛出社會時，很常下班後跟同事主管喝酒聚餐，這些聚會中，主管能以比較輕鬆愉快的方式詢問部屬表現反常的原因。當初我還是個年輕人，主管邀我一起去喝酒時，我都會很高興的陪同，並情緒高昂的從天南聊到地北。

但近年來，如果主管明知部屬不想參加聚會，還硬是要部屬參與，就會被部屬認為是強迫加班。主管因此失去了一個衡量部屬壓力大小，和工作動力高低的機會。

職場成員之間的關係過於疏遠，就會越晚發現計畫外事件，而相關應對措施也不得不被推遲。所以，就算是午餐或其他短暫的休息時間也好，找一段時間代替下班後的聚餐，也是個不錯的主意。

由過去長期在美國工作的我提出這樣的建議，可能有人會覺得很奇怪吧。畢竟在下班後與公司同事喝酒聚會，是日本獨有的文化，國外與日本不同的是，在日本，聚會仍會保持主管與部屬的上對下關係，但在國外，通常會在假日舉辦烤肉或家庭派對等社交聚會。藉由與其他員工和其家庭成員進行交流，同事可以更加深知彼此的思考，這種聚會能夠讓團隊工作更加順暢。

我最喜歡的美國職場，是一個核電站的維修團隊，核電站所發生的問題不是一般職場可以比擬，每當出了狀況，團隊就必須針對問題設計一個獨一無二的維修工具，因此團隊成員都極具創造力。

這支團隊一年一度的盛事就是烤全豬派對。烤全豬派對每年都會在有大庭院的成員家裡舉辦，從早上開始生炭火，一邊喝啤酒，一邊將插好烤叉的豬，架在火上慢慢邊轉邊烤。派對使用的是在超市購買，約五十公斤的小型全熟豬，這在日本是相當難得一見的景象。

團隊成員們各自帶了豬肉以外的食物，我當時帶了用日本咖哩塊做的咖哩醬，還挺受歡迎的。無論是像我這樣的單身漢，或是攜帶家屬參加的人，都很享受這場烤全豬派對。

未來，隨著工作團隊多元化和遠距上班，我們可能會連同事長什麼樣子都不曉得。因此，無論是在將來或現代的職場，如何與工作同事在思想上有所聯繫，都是一項必須解決的課題。

2. 工作流程標準化，誰來做都可行

當我們在擬定某項計畫時，自然不會想到偏離計畫時的狀況。我將為大家介紹一個，成功將計畫外事項納入計畫，並以此為基礎順利運行的團隊，那就是美國的波音公司（Boeing）。

當波音在開發全新機種、制定計畫時，他們會預留大約一〇％的預算，用於解決過去從來沒有發生過的問題。換句話說，當波音在開發飛機時，他們會將計畫外的事件納入規畫中。這些數字並非只是猜測，在過去數十年間，波音一直以分鐘為單位，管理員工的工作狀況。他們會記錄這個員工，在這天花了幾分鐘在這個工作上，並持續積累相關數據。透過這些紀錄，波音便可以統計過去在開發中，發生多少預定外的狀況，並將該數據作為擬訂新計畫的基礎。

美國企業很常見這種員工工作紀錄（工作量管理），大約在一九八四年，我在奇異公司（GE）工作時，工作量管理就已經普及。例如，如果負責人因家人生病而需要請假，導致計畫延遲，相關數據會被詳細記錄下來。業務計畫和預算，會以相關的管理和紀錄為基礎來策劃，即使一開始並不準確，但隨著時間的推移，其準確度會逐漸提高，變得更加精確。

大多數日本企業並沒有這種紀錄和管理的習慣，從一出社會就在美國公司工作的我的角度來看，美國職場文化，與日本「只要能拿出成果就好」、「只要公司最後能賺錢就沒問題」的環境截然不同。

當然，就算有管理和紀錄，還是會發生一些意料之外的狀況，即使如此，如果有人問我哪種方式更能讓我安心工作，我還是會選擇美國方式。

最近流行將統計學觀點，帶入商業領域，我認為這股趨勢背後，隱藏著大家對當前模稜兩可的決定，所抱持的疑惑和不安。

能夠準確的管理和記錄就意味著，當某個工作的負責人突然不在了，可以由其他人來替補。例如，如果父母突然生病需要你幫忙照顧，你能夠請別人緊急接替自己那一天的工作。雖然長期下來可能會造成人力不足，但從短期來看，此舉能減少公司因突發狀況，而無法運作的風險。如果團隊中有人突然生病或離職，也是同樣的道理。

在日本，當員工因某種原因而請假時，只有他能做的工作也會跟著停擺，特別是需要上級批准的業務更是如此。但在美國，當某個職員休假或出差時，該名職員一定會指定一名職務代理人，並將所有工作權限都交給該名代理人。如此一來，便能確保工作不會被延誤。失敗學會也是遵循這項制度，所有程序都詳記在程序手冊上，因此可以根據需要隨時更新。

如果你負責管理任何一個團隊，請嘗試將工作流程標準化，並管理和記錄工作。如此一來，隨著團隊經營的時間越長，管理系統也會變得更為強大。即使是獨自工作，如果嘗試將自己的工作程序標準化，並記錄工作時間和管理，隨著工作年數增長，你就越容易擬定計畫，並提高成功機率。這就是本章節的目的——提高你的計畫力。

2 我用心智圖，管理工作進度

擺脫計畫不良的最快訣竅，就是制定可實行的好計畫，而要擬定一個可實行的好計畫，需要掌握一些訣竅。就讓我們來看看，如何藉由提升PDCA的P，來制定一個可實行的好計畫。

活用心智圖

工程界人士在制定一項優良計畫時，會廣泛使用心智圖，第一四〇頁的圖表就是心智圖，它是離散數學中的其中一種圖表，其特點是，如果完成所有列出的要素（子項目），就能一〇〇%達成工作（母項目）。在開始著眼具體的細節之前，先讓我們來了解工作的全貌。

假設，某家飲料製造商的員工收到主管所交付的工作：建立一個系統管理整間公司的銷售數據，接下來就讓我們針對該工作制定一項計畫吧。

首先，我們必須思考，建立一個管理銷售的系統需要哪些要素。這裡的要素是指，我們需要透過什麼樣的流程來創建系統。此工作有下列三項要素：

- 理解流程：如果你不知道公司業務的哪個階段會使用到該系統，就無法製作出最合適的。
- 決定開發者：決定實際製作系統的工作人員。在本書中，我們假設該系統是委外製作。
- 拿到預算：如果沒有足夠的預算，就無法製作。

而深入探討這些要素，就得出以下說明：

通過心智圖來制定計畫

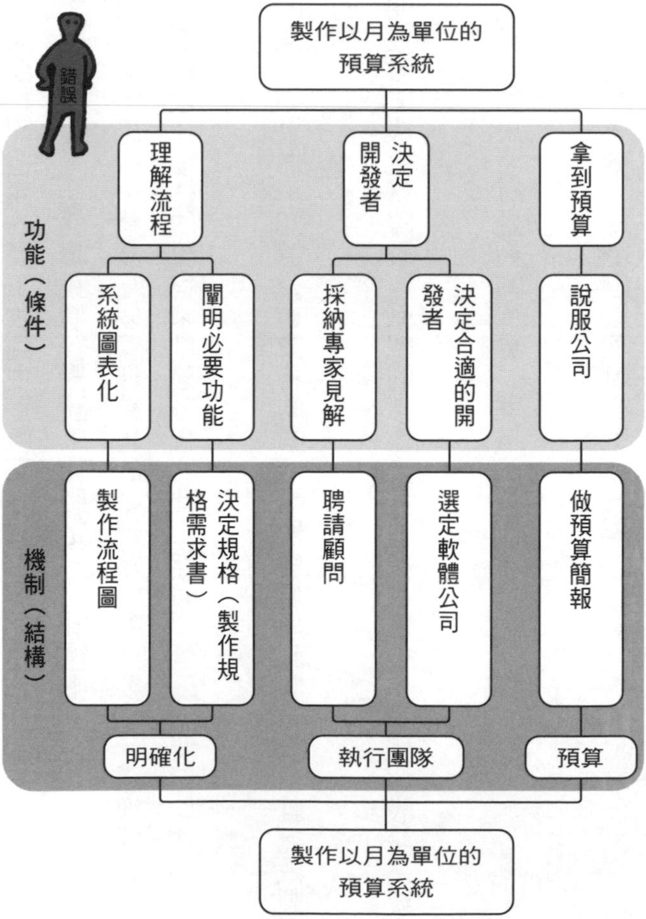
製作以月為單位的預算系統
錯誤
功能（條件）
理解流程
決定開發者
拿到預算
系統圖表化
闡明必要功能
採納專家見解
決定合適的開發者
說服公司
機制（結構）
製作流程圖
決定規格（製作規格需求書）
聘請顧問
選定軟體公司
做預算簡報
明確化
執行團隊
預算
製作以月為單位的預算系統

- 理解流程：系統圖表化、闡明必要功能。
- 決定開發者：採納專家見解、決定合適的開發者。
- 獲得預算：說服公司。

當滿足了上述條件（功能），才能完成一個管理銷售的系統。接下來，我將具體展示什麼樣的結構（機制）才能實現這些條件（功能）。

- 系統圖表化：製作流程圖。
- 闡明必要功能：決定規格（製作需求規格書）。
- 採納專家見解：聘請顧問。
- 決定合適的開發者：決定軟體公司。
- 說服公司：做預算簡報。

●製作流程圖

為了將新開發的系統用途和目的視覺化，我將使用該系統的業務流程，和其銷售結構製成了圖表，第一四三頁就是以飲料為例的流程圖。要讓系統開發者了解公司到底需要什麼樣的系統，就必須有流程圖，尤其本案例是委託外包製作，就務必製作流程圖，並與外部人員共享。

●決定規格（規格需求書）、聘請顧問

決定規格通常就是指製作規格需求書。

「系統需要什麼樣的表格和圖表」、「是否需要比對上個月的數據，還是要與前一年的數據做比較」、「是否需要各地區的銷售圖表，還是只要顯示這個月的數據就夠了」、「需要全年的銷售趨勢圖，還是以年分為單位的趨勢圖」，規格需求書詳記了系統需要擁有什麼樣的功能。

但是，說實話，當我在日本收到開發 App 的委託時，我完全不指望客戶會提供規格需求書。根據我過去的經驗，大多數接受日本教育的人，都無法製作規

掌握整體工作流程的流程圖

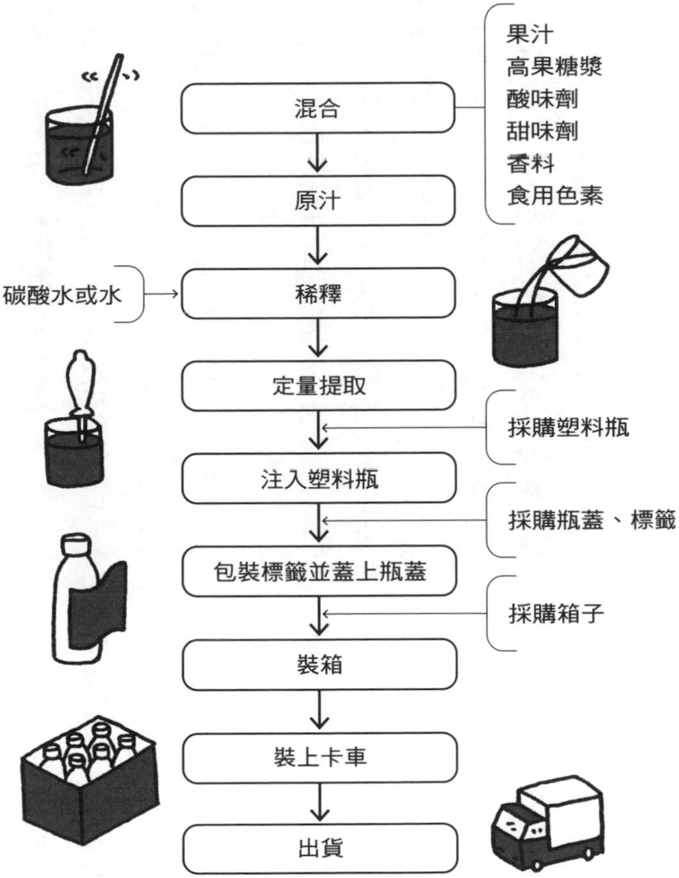

格需求書。即使我請客戶提供規格需求書（或類似的文件），並依照客戶的需求開發，客戶還是會在事後不斷提出其他要求。

因此，與其一開始就要求客戶提供規格需求書，不如詢問客戶粗略的想法，給客戶確認初步的 App 雛形後，進一步聽取客戶的要求並修正，這是一種被稱為「敏捷軟體開發」（Agile software development）的方法，在日本，這種做法會更為便利。

在面對無法將自己的需求言語化或文字化的客戶時，就不得不採用這種做法。但這種方法可能會引發一些問題，例如，完成後的 App 仍需要大幅修正，或是需要重新審視數據結構等。

上述方法，就不適合用來製作本案例的核心系統，因此，在這種情況下，委託方必須擬定規格需求書，如果製作不出來，則應該聘請顧問。顧問不僅會為你介紹適合製作該系統的軟體公司，還能幫忙製作規格需求書。

● 決定軟體公司

決定實際製作軟體的業者，雖然每間公司進行決策的章程有所不同，但外包時，許多人會取得多家公司的報價並舉行競標。

● 做預算簡報

無論要執行什麼計畫，都必須先要有預算。

如果你拆解上述的課題，就很容易理解自己需要做什麼。

當你在創建心智圖時，請務必區分功能（條件）與機制（結構）。如果按照「實現計畫的條件↓滿足該條件的結構」的順序思考，就能明確找出機制，來達成所需要的功能。

為每項細分的課題標上重要度

下一步是建立一個透過心智圖，檢查計畫進度的機制（第一四八頁），假設完成計畫為滿分一百分，那麼，只要將一百分，根據各項課題的重要性來分配，就能在完成各項課題時，清楚知道當前的進度。

在此案例中，各項課題的重要度分配如下：

- 製作流程圖：十五分。
- 決定規格：十分。
- 聘請顧問：五分。
- 決定軟體公司：三十五分。
- 做預算簡報：三十五分。

你可以清楚看到，分數越高的項目，代表你必須完成其對應條件。如果只是簡單的工作，在這個階段就正式開始執行計畫，想必不會有太大問題。但是，在此案例中，還可以分解成更細的要素。以做預算簡報為例，在這裡雖然無法詳細介紹，但在許多日本公司中，事先溝通，比做實際簡報還重要。以此為前提，讓我們更進一步分解項目，並將主項目的重要程度，分配至每個細項。

- **做預算簡報三十五分**

提前向重要人士做簡報（八分）。

在月度會議上做簡報，如果已經事先溝通好，形式上做樣子就好（四分）。

學習如何做有說服力且有效的簡報（八分）。

說明此系統將為公司的成本方面帶來何種好處，並制定業務計畫，闡明新系統的效果（提升銷售額的效果），並預測成效（十五分）。

如果你是新手，或缺乏相關經驗，在挑戰新領域的工作時，最好請主管確認你的心智圖，如果主管允許你依照該圖的流程進行，你便能更有自信執行計畫，如果有需要修正的地方，也能得到主管的建言。從主管的角度來看，還能藉此確認交付給部屬的工作是否過於複雜，如果計畫比想像中困難，主管則可以將一部分的工作分配給其他部屬。

一張表就可以管理工作進度！

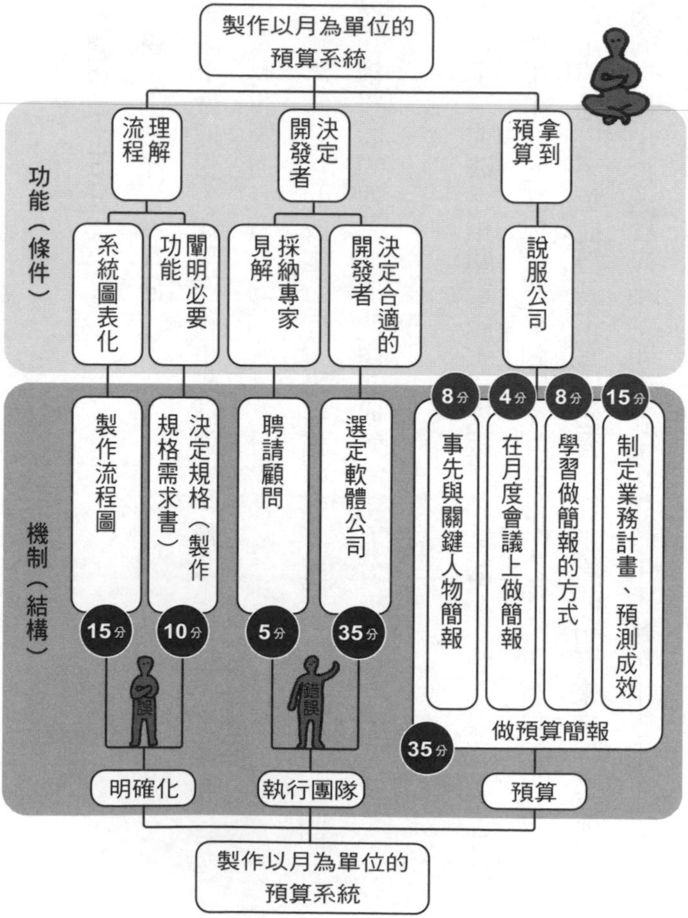

如果你必須反覆做一項並不複雜的工作，何不嘗試做成心智圖？即使你覺得不需要特地為此製作，但你會發現，一旦將工作流程圖像化，就能發現其他問題，排除這些不必要的部分，就能提高工作效率。

在近年改革工作方式的浪潮中，許多公司都以提高工作效率為目標。在公司剛開始導入心智圖的方法時，會需要花費一些額外的時間檢討，但這是提高效率的必經過程。如果你常感到工作中有許多無謂的業務，或時間不足，那我建議盡快嘗試這個方法。

用分數檢視執行進度

接下來只剩執行了，當完成製作流程圖（十五分）、聘請顧問（五分）、向重要人士做簡報（八分）等項目時，你將得到這些細項的分數（這時候的分數為二十八分），而這個總分就是該計畫的執行進度。

每當完成一件工作，分數就會跟著上升，你可以藉由分數了解進度。使用這個計分系統時，可以幫助使用者保持工作動力，並在執行計畫時不遺漏任何細節。當總分達到一百分時，計畫就完成了！但是，在工作途中，很有可能會發生先前提過的計畫外工作，和計畫外干擾等突發事件。

在這次的案例中，一開始擬訂計畫時，就決定將軟體外包製作，但如果當初是安排由公司團隊製作軟體，最後卻因為軟體製作團隊過於忙碌，而無暇製作，那就不得不尋找外包的軟體公司。如果你意識到自己無法將軟體的必要功能化為規格需求書，也必須將其視為計畫外工作，將這份工作交給顧問。

在執行計畫的過程中，心智圖會不規則的改變其型態。經過不斷修改與調整，你將能完成一張隨時監督自己工作進度的心智圖。此外，你還可以透過填色來表示每項任務的完成度，藉此掌握進度。

假設你按照心智圖執行計畫，並完成做出了系統。在這之後將會出現新的課題，例如，為已完成的 App 舉辦說明會，或給予用戶獎勵以推廣 App 等活動。這時就必須製作新的心智圖，明確了解目的和方法，然後展開新工作。

製作新階段的心智圖時必須綜觀整體，掌握計畫和工作，如果規模很大，你可能會覺得很難製作該計畫的心智圖。就算一開始無法做到完美也不用擔心，經過幾次練習，你製作心智圖的能力和計畫力都將獲得提升。

第五章

那些不貳過的人，都是怎麼做到的？

1 缺乏學習經驗，你當然一直出錯

接下來，我們要克服的是「學習不足」。學習不足，可以分為缺乏學習機會、忘記所學內容、應用能力不足、缺乏學習動力。

「我不知道」和「我不懂」，表示缺乏學習機會

缺乏學習機會，顧名思義，就是缺乏學習機會，導致不懂相關知識。

以我為例，我直到成年後才理解小學時，老師所教的月相（月亮的陰晴圓缺）。這是因為學校在教月相時，我得了流行性腮腺炎，請了約一星期的病假。因為我完全無法理解月相的思考方式，所以考試中出現相關題目都拿了零分，而

且，我還誤以為可以靠死背搞定，所以我試著努力記住固定條件下能看到的月亮，例如，在午夜十二點朝東邊天空看到的月亮是下弦月。

這樣硬背，很容易被搞得暈頭轉向。例如西邊的天空、東邊的天空、黎明、午夜、日落後等，另外還有上弦月和下弦月是朝向哪個方向，我最後只能舉雙手投降。

當主管在談論重要事情時，因手機震動而分神；公司有訪客來訪而無法參加會議，結果在自己缺席的時候，團隊做了重要的決策，諸如此類的小事，都是你在工作上缺乏學習機會的原因。

那麼，要如何才能避免此問題發生？如果是遺漏行程等可共享情報的問題，可以透過共享團隊行事曆解決，你只要制定一個讓你到公司打開電腦，第一眼就看到行事曆的機制即可。

「下次我會多注意。」如果在安排行程時發生遺漏，即使你下定決心改善，也只會成為下次出包的溫床，如果想完全避免，就要思考「時程敲定後，如何立即與團隊成員共享行程表」、「如何建立一個絕對不會遺漏的機制」。

我不得不說，思路方面的遺漏非常難解決。最典型的就是，大家明明都能做到，但某個人就是一定會出錯。後者無論多小心翼翼，仍會重複犯同樣的錯，這就屬於缺乏學習機會。

本書中，我常建議大家客觀分析自己的錯誤，思考自己在哪些情況下，特別容易犯錯。這可能代表自己缺乏某些學習機會。如果你發現自己老在某些問題上出錯，就去請教不會犯這項錯的人，並找出自己缺乏的部分。

我們只能藉由種種失敗，或是與他人磨合，才能自我改進。人腦與電腦不同，人無法檢測出自己缺乏的部分，只能自力逐一找出並應對。此外，在日常生活中也會發生缺乏學習機會的時候，這是因為每個人在家裡學到的知識或生活方式不一樣。

例如，一般人都知道，不能用兩個卡式爐加熱一塊大鐵板，因為爐子的熱量會讓瓦斯罐過熱，可能會爆炸。但是，就是有人不知道，也不閱讀產品說明書，甚至不動腦思考，導致每隔幾年，就會在新聞上看到瓦斯罐爆炸事故。

有一間公司為了防止此缺點，他們實行了夥伴制度（老手和新手組成雙人團隊工作的方法），幫助尋找和補足思考漏洞。工作過程中，老手自然會密切關注新人，如果新人在工作上有什麼疏漏，也很容易發現。而新人也會仔細觀察老手，從而掌握一些平時不容易發現的工作訣竅。這方法可說是一項相當有效的應對措施。

但是，如果一直和同一位夥伴組隊工作，可能也會欠缺某方面的經驗，或者因為配合度的好壞，導致學習機會出現差異。如果輪流交換夥伴，應該能更平均的分配學習經驗。

人們經常說：「小時候學的東西可以記一輩子，但成年後學的一下子就忘了。」但是我認為，並非人們容易忘記成年後學的事情，而是因為小時候學的都是基礎，在一生中，會反覆使用到該知識，每當碰到該情況，就會喚起過去學習的記憶。

實際上，隨著年級提升，我們在學校裡學習的內容也越加細化。除非你未來成為理工學者、醫生、經濟學家，否則你不會用到微積分、物理學公式，不記得這些內容也很正常。

為什麼老是忘記所學內容？因為沒有記住的方法

進入職場後，能在工作上學到很多東西，例如，公司內部的業務程序和組織結構。如果你是業務員，則需要記得客戶的資訊；如果是行政人員，則需要記住公司人員、職位、職務；如果是從事理工相關的工作，就算已經從理工學校畢業，你也得繼續學習關於數學、物理、化學等相關知識。

然而，人們有時候就是會不小心忘記特地學習的事物或體驗過的經歷，面對這種情況，我們往往會將其視為缺乏注意力項目中的健忘。但是這是因為記得不夠牢，且缺乏相關學習，讓自己無法注意到重點，導致無法記住關鍵。例如，當你忘記業務合作夥伴的負責人姓名，而惹對方不開心時，其原因在於你一開始就沒有好好記住對方的名字。

但是，即使我們專心學習，硬是要記住相關內容，對於每天處理大量資訊的我們來說，也只是徒增工作量。以剛剛的例子來說，為了記住負責人的姓名，而反覆查看對方的名片來記憶，也只是浪費時間。倒不如建立一個你可以定期記住負責人姓名的機制，例如，在每封電子郵件中都加上對方的姓名，或是在計畫資料中，寫上負責人的姓名和所屬單位。

所謂應用能力，是指在學習了規則和思考方式後，在面對新問題時能隨機應變，並給出新答案。有應用能力的人，能根據當下的狀況隨機應對，而沒有的人，只能反覆做自己擅長的工作。用搞笑藝人來舉例就很容易理解，有趣的諧星在面對任何情況，都能發揮自己的長處，風趣的炒熱現場氣氛，而無趣的諧星只會重複同樣的招數。

要想培養自己的應用能力，沒有捷徑，只能靠平時練習。在學校學習一元二次方程式的解題公式時，不僅要記住公式，還要練習如何將公式套用在各種問題中。同樣的，工作中的應用能力也只能透過累積經驗和練習才能獲得。

以搞笑藝人為例，當諧星與朋友喝酒聚會時，與其說自己擅長的話題，不如傾聽對方的想法，再提出你的意見。我聽說受歡迎的搞笑藝人，其實都非常善於聽別人說話。也許是因為他們在日常生活中，就花費許多心力在聽，所以才提升他們的對話應用能力。

如何克服應用能力不足？

如果應用能力只能靠練習來取得，那為了提升工作上的應用能力，就只能勇於嘗試，即使失敗了，相關經驗也能在下一次派上用場。假設你是主管，你也只能放手讓他們去嘗試。例如，公司需要在已推出的軟體或 App 中添加新功能。你已經教會新人如何調整、基本的思考方式和開發環境，接下來，你只要交代清楚需要添加的功能，然後試著將工作完全交給新人，相信這對新人來說，將成為一個很好的經驗。

即使成品沒有達到預期效果，但只要員工在過程中，有自力搜尋應對方法這種自發性行動，最後都能化為經驗。如果只是看著別人做事，這些永遠都不會成為自己的東西。有時你也可能必須為部屬擦屁股，但隨著部屬在經驗中獲得成長，他最終將幫助你。

但是，**讓部屬放手一搏，和讓部屬執行不合理的工作是不一樣的，部屬一旦對自己失去信心，就很難振作**，因此，一開始先讓部屬從簡單的工作開始做起。

當你放手讓部屬辦事時，應該事先告知部屬工作完成後，你會如何驗證和評估。

在工程領域，無論是軟體和硬體，都可以明確定義所需功能，因此很容易客觀驗證，訂定評價基準也相對簡單——例如達成目標、未達成目標、到中途為止沒問題，但整體不完善等。一般業務雖然不一定能採取這種檢驗方式，但可以將「已訂貨、未訂貨」、「已訂購、未訂購」等結果當作一種衡量標準。

相較之下，服務業和公司內部的業務，則很難建立驗證和評價基準，員工評價會受評價者的主觀影響，由於主管的評價會影響到工資和獎金，因此採用上評價下的團隊，只會徒增更多職場附和蟲。當涉及服務業和公司內部業務時，就必須與部屬闡明和事先共享工作內容，以及會以什麼為基準評價。

在我曾經工作過的一家美國公司中，工程服務和內部業務的員工，會在期初和主管討論，設定一個目標值，並在接近期末時，向主管匯報自己的工作完成率。之後再和主管討論，決定自己的獎金和加薪幅度，如果員工對最終評價不滿意，可以向主管的主管提出申訴。

當主管被部屬申訴，主管的評價會連帶受到影響，因此主管在評價部屬時會盡量做到公平，避免部屬不滿。反之，如果對部屬阿諛諂媚，提供高額獎金和加薪，會提高團隊的人事成本，也會導致自身評價下滑。該制度的核心在於公平公正，我認為這是一個相當深思熟慮的制度。

一位你覺得有趣的老師，會令你成長

最後讓我們來探討「缺乏學習動力」吧。

關於學習動力，環境因素的影響力，比個人能力的影響力還要大，這種傾向在學校尤為突出。

我之所以進入理科，是因為國、高中時就非常擅長和喜歡數學，作為歸國子女，我也很擅長英文。在不知不覺間，我成為了一個很會讀書的孩子。這就是我進入東京大學教養學部（按：進入東京大學就讀的學生必須先在教養學部完成兩年的前期課程，教養學部分為文科的一、二、三類，與理科的一、二、三類。在第二學年，學生可以根據自己的興趣和成績，選擇未來想要攻讀的科系）的原因，但在入學後，我卻受到了很大的打擊，因為我完全跟不上數學課。

我大致記得那堂課是從一加一等於二的證明開始，該課程的內容量非常龐大，就算現在要我上網瀏覽那些內容，我也提不起勁，從這時開始，我不擅長數學這門科目。雖然我依然拿手幾何學領域的投影幾何學（按：是用一套特殊程序，在平面上繪製三維物體的理論），但對其他高等數學完全沒轍。

九年後，我進入史丹佛大學攻讀工程碩士學位。讓我驚訝的是，數學居然是必修課，線性代數是我在東京大學教養學部不擅長的科目之一，然而，這次我卻能理解教授的授課內容，教授不僅將表示式進行轉換，還把表示式與眼前的物理現象、人體結構等聯繫起來說明，教授生動的講解讓我深受感動，也取得了很好的成績。之後，我向教授提出請求，成為教授的助手，並重新進入研究所攻讀博士學位。作為投影幾何學的延伸，我的畢業論文主題是曲面建模——精確的將三角形元素劃分為三等分的四邊形元素，我完成了從來沒有人做到的應用數學研究，最後順利畢業了。

我當時的指導教授是史丹佛大學的名譽教授——道格拉斯・J・魏爾德

（Douglass J. Wilde），他至今仍以教師的身分活躍於第一線。

我們是人，不是機器，會有自己的喜好。當你在學習一個科目的基礎時，如果你不怎麼喜歡那個老師，你就無法專心，也不會有動力想考好成績。無論學生有多大的潛力，如果教學方式與學生不合，那將會削減學生學習該科目的動力。

身為成年人，在學習某樣事物時，應該會有更多機會自己選擇老師。請試著思考你是否想被這位老師教導，這位老師的教學方式是否讓你感興趣。當你遇到一位好老師時，你將能以驚人的速度，順利學習以前無法理解的知識。

如果想要簡單提升成年人的學習力，我認為提高學習動力是最有效的方法。人一旦對某件事物有興趣，就會自發性的製造學習機會，我們還可以制定一個定期記憶的機制，避免遺忘學習內容。這能讓我們不畏懼失敗，並勇於嘗試。

因此，在本章結尾，我將介紹一些提高學習動力的方法。當人沒有學習動力時，即使強迫自己去學習，我們的大腦也無法有效記住內容。在這種情況下，唯一的辦法就是自己創造其他動機。

當發生工業意外時，社會常常會批評業者「只會照規則做事」，然而，規則指南卻是工業生產的支柱，對製造工廠來說，遵循規則是工作的基本。

不過，這種按部就班的做法，有時會讓人們痛苦不堪。更何況是像「學習」，這種與時薪沒有直接關聯的努力，人們很容易就會想放棄。因此，何不試著自己製作規則指南書？

例如，如果你想學習英語溝通方式，那就試著自己製作習題。如果你無法透過自己的母語翻譯記住某個英文單字，那就試著將該單字做成英文填空題，或是在學習過程逐漸減少使用自己的母語……像這樣下功夫，你將能享受何謂學習的樂趣。

在這種情況下，雖然有一個能夠分享目標的學習夥伴會更好，但就算是一個人，也能夠提升效果。

2 實際動手做，進步比較快

說到學習，大多數人想到的可能是坐在書桌前打開參考書，但除非學習內容非常有趣，或者你的目標很明確，否則這種做法很難激發學習動力。所以，當你想學習某樣事物時，可以嘗試觸碰實物，或自己實際動手製作。例如，如果是與數學相關的學習，你可以一邊操作圓規、直尺、三角尺等工具一邊學習。如果是與開發軟體相關的學習，就試著自己動手寫程式。

我想很多人對於抽象、看不見、摸不著的東西很難產生動力，例如，我在大學時攻讀機械工程學，但非常不擅長熱力學、流體力學、材料力學等這些肉眼看不到的東西。

雖然我不擅長這些科目，但也不能因此放棄學分，我在自己進行實驗和製作相關裝置的過程中，總算發現了其中的樂趣。之後進入研究所，我在畑村教授的指導下，開發出了除三正交方向外，能夠測量各個軸周圍力矩的六軸力覺感測器。我們不僅要在一個感測器上貼上二十四片應變片，為了讓感測器本身更輕巧，還必須把鋼製的感測器改為鋁合金製。為了達成這項艱鉅任務，我不得不重新學習材料力學，最終想出了一個近似公式——計算感應部分的形狀和應變片的有效安裝位置。

即使是我不太喜歡的材料力學，當遇上必要狀況，再加上我能藉由實驗和製作，接觸到實際事物後，最終我還是成功的將材料力學的相關知識提高到必要水準。

如果你不善於捕捉抽象概念，就盡量找機會將某部分具體化。例如，如果你需要策劃某個活動，但又無法浮現出具體想法時，可以試著親自到活動的預定地視察。如果你在進行市場調查，但又對調查數字感到不解時，則可以和相關人士交談看看。

以先前提到的學習英語為例，僅只是想著「我必須學會」，是無法提升你的學習動力，但如果你試著和英語母語人士交談，發現自己完全無法溝通時，你的危機感就會變得更具體，並因此產生學習英語的動力。

失敗學會也把創意設計作為主題之一，每個小組聚在一起，找出日常生活中的問題，並動手製作解決該問題的裝置。例如，高齡者因握力減弱，而無法打開寶特瓶瓶蓋。當我們發現這個問題時，我們會思考，「如何製作能用很小的力氣打開寶特瓶瓶蓋的裝置」，並實際動手製作。但想要做一個輕便的小型裝置，也並非一件容易的事，我們必須購買材料，將材料切為便利的形狀，然後加工等……當你實際嘗試時，你會發現製作東西是一件很有趣的事。

我在幾所大學都有在進行這種創意設計的課程，但只有在東京大學的課程中，才會製作原型。當你實際製作了一個原型，並向他人說明其用處時，不但能為你帶來實際感受，還能發現新問題和改善問題。

嘗試製造一件物品，可以讓你發現在課堂上無法學習到的事物，並將相關知識提高到更高的水準。

如果活用這種製造東西的樂趣，就可以學習和掌握一些平時在課堂上感到厭煩的內容，例如，「製作一個能收集快要用完的肥皂，並將這些肥皂碎塊合為一體的簡單裝置」、「創造一種可以輕鬆收摺疊傘的裝置」、「製造一個能把瓶底剩餘的洗髮精用完的容器」、「打造一個用平底鍋烤香腸時，不用一直手動翻面的裝置」、「用樹莓派讓ＬＥＤ發光」，你可以根據自己的學習需求，設定一項課題，然後，試著畫出先前所提到的心智圖，來解決該項問題。

相信很多人，可能在看完上一章節心智圖的說明後覺得很麻煩，但當你是要解決自己的問題時，是否覺得比較有動力了？

專欄2

克服使用樹莓派的兩項失誤

在第三章中，我用曼陀羅圖分析自己收集關於揮發性有機溶劑產生有毒氣體擴散的相關數據中的失敗，在這邊，我將進一步思考克服方法。

第三章中發現的失敗原因有：

失敗一：學習不足——缺乏學習機會、計畫不良——人才能力不足、缺乏注意力——雜念。

失敗二：計畫不良——計畫缺乏餘裕、缺乏注意力——誤解情況。

關於失敗一，我認為這次的經驗已經足以克服「學習不足——缺乏學習機會」這項問題。我了解到，使用樹莓派時要避免使用鱷魚夾，在處理二・五四公釐節距的端子時，要多加注意，因為它和鱷魚夾一樣，只要稍微拉扯就很容易改變方向。最後，我還發現可取代鱷魚夾的跨接電纜。只要改善這些問題，就能避免下次使用樹莓派時發生計畫不良——人才能力不足的失誤。

那麼，關於自己急躁性格的缺乏注意力——雜念又該如何預防？儘管我會在心中提醒自己欲速則不達，但光想也沒有用，我在上一本書中也提過，精神喊話是無法派上用場的。

遺憾的是，我想不出有效方法，可以在獨自一人工作時擺脫這種雜念。所以，如果人力資源夠，最好兩個人一起工作，而且盡可能選擇追求同一目標的人，更能提高成效。實際上，我曾經在工作中與別的四人團隊一起合作，其中一人在途中指出了錯誤，讓計畫得以順利完成。

如果你必須獨自一人完成一項重要的工作，你可以試著在面前放一面大鏡子，雖然只是簡單的鏡像，但或許可以有效消除一些雜念。

接下來是失敗二，我犯的錯，是在莫仕連接器顛倒狀態下插上電極的端子，搞錯了配線的順序。要解決防止缺乏注意力——誤解情況的方法，就是在完成一個莫仕連接器的配線時，就試著和其配對的連接器對照配線。這個解決方案不僅適用於莫仕連接器，還適用於軟體開發的所有環節。

另外，計畫不良——計畫缺乏餘裕，則能夠通過制定計畫來改善，每當完成一部分的零件，就先進行局部測試。

在解析個人失敗的曼陀羅圖中，主項目下的十八項次要因素，大都可以藉由某項制度或新方法來解決。當你犯錯時，試著自己制定一套改善問題的機制吧。

第六章

很多錯不是真的錯，而是溝通方式不對

1 溝通能力會直接影響到所有工作能力

接下來，我將從傳達力的角度，探討該如何克服錯誤和失敗，進一步成長。

很多工作無法單靠一己之力完成，因此需要和他人溝通。然而，有許多問題，都是因為沒有充分傳達所造成，例如，因為忙得不可開交，忘記給部屬指示，或是給的指示不夠明確、語意被誤會等。為了改善這些情況，我建議有效活用電子郵件，電子郵件除了搜尋功能，也能輕鬆選擇、儲存收件者的相關資訊。

在電子郵件剛開始普及時，人們有時會半開玩笑的說：「人就坐在隔壁，有必要寄電子郵件嗎？」不過，這種說法已經跟不上時代了，最近甚至出現比電子信件更方便的通訊軟體，在組成專案小組時，也不失為一個不錯的選擇。

為了從根本上防範傳達不良，就該充分活用電子郵件和通訊軟體，如此一來，至少能避免因欠缺通訊紀錄的相關爭吵。只不過，在某些通訊軟體中，似乎有可以收回已發送內容的功能，假如有人事後收回對自己不利的訊息，通訊軟體所帶來的好處也會跟著減半。

不過，人與人之間也沒什麼方法能夠保證，這樣做就可以一〇〇％解決表達不良。隨著電子信件的普及，我們也時常能聽到與之有關的失誤案例。本章將以電子郵件等通訊工具為基礎，介紹能有效提升傳達力的好方法。

郵件太多，如何處理

如前述，電子郵件能協助解決不少傳達方面的問題。但也正因如此，人們發生任何事，都會透過信件來傳達。在這個時代，光是確認資訊就非常耗時費工，因此如何整理資訊和管理，將直接關係到傳達力的成效。

即使如此，如果你必須跟成千上萬的人透過信件來聯絡，現在要從頭整理收件匣也得花上不少時間，在必要時，務必活用搜尋功能。有時候，放棄整理也是一個選項。

附帶一提，我覺得如果一個人每天被大量資訊所包圍，就會逐漸失去對情報價值的敏銳度。舉例來說，當你能在網路上搜尋到某個情報，就會覺得下次也能找到，而不會馬上下載或是輸出資訊。

不過，假如你找到的真的是非常重要的資訊，我建議最好還是想辦法保存下來，因為網路上的訊息很可能隨時會被刪除，尤其是小型事故報告書。

當一些企業發生會刊登到報章雜誌的小型事故時，多數企業會選擇將報告書或道歉文公布在自家官網上。但是，企業不會將這些負面消息，放在官網上三年、五年，甚至十年。多數企業在幾年之後覺得差不多了，就會刪除原本刊登的文章。雖然事後透過其他網頁轉載，也能大略得知事故狀況，但那已經屬於第二手資訊，想直接引用或轉載，很容易引發問題。

重大事故就比較不會有這類疑慮，像是日本航空一二三號班機空難、雪印集體食物中毒事件等。但像中小企業的醜聞之類，如果往後可能會用到，還是透過下載、輸出等管道，盡量保存在自己手邊吧。

2 指示太過模糊，會延誤進度

隨著企業多元化發展，過於模糊的指令，很可能會延誤業務進度。

當聽到「今天是截止日期」的時候，對上班時間都差不多的人來說，都會有一個共識，認為截止時間大概在今天下午五點。不過，到了現代，跟你在電腦上對話的人，不一定跟你的上班時間一樣。除了短時數、彈性上下班的人之外，也有不少人在海外工作。再說了，有些人甚至沒有下班時間的概念。

現今是一個社會多元化發展的過渡期，明確指示交件期或截止日，必定是今後的有利趨勢。

我發現，指示模糊也會發生在對方所回覆的確認信中。例如，我在信件裡提到：「請在明天十一點開會之前，整理好提案書，跟這封信隨附的資料一起印好與會者的份數。」

收到這樣的指示之後，你會怎麼回信？假如寄件者與自己職階相同或相近，或許有不少人會直接按下「回信」鍵，告知對方「了解！」但我所認知的「了解」分三種等級，這是最低的一種，之所以得到較低的評價，主要有兩個原因。

現在的電子郵件軟體經過不斷升級，許多軟體會自動將有關的信件集結起來，在你回覆的信件下方顯示原本委託的內容。不過，下方的信件內容通常都是隱藏表示。也就是說，寄件人如果每天必須收超過幾百封信件，還得費心一一點開，確認你到底了解到什麼。

第二個原因是，寄件人無法確認你是否真正理解。剛才的例子，在簡短的文句中提到：

1. 整理好提案書。
2. 輸出信件的附件資料。
3. 將 1. 跟 2. 一起印好與會者的份數。

4. 上述截止時間是明天十一點。

這樣的複合型指示本身就容易遺漏，一般業務上也很常見這種例子。收到這樣的郵件之後，就算回覆了解，我想還是有兩到三成的機率會有所疏漏吧（要是我，應該會漏印附件資料之類的）。但是，就寄出方來說，他們沒辦法再進一步確認：「是附件資料跟提案書喔！你真的看懂了嗎？」只看到了解，反倒會讓寄件人不安，這不就幾乎等於沒回信？現在讓我們回到問題，有一種方法是你可以引用本文內容來回覆：

> 請在明天十一點開會之前，整理好提案書，跟這封信隨附的資料一起印好與會者的份數。
>
> 了解！

這樣的回覆屬於中階。雖然能夠為指示方省去點開隱藏顯示的麻煩，等於克服了第一個原因，不過對第二個原因（是否正確掌握信件指示內容），就沒什麼效果了。

最理想的回覆方式是什麼？我會引用一部分的信件本文，改用自己的說法明確告知已經掌握的項目，例如：

準備資料和提案書一事，我了解了。
我會在明天十一點前，按照與會者份數準備好提案書和資料。

大都只有在得到這樣的回覆時，指示方才能清楚知道，「你已經明確收到指示了」，重點在如何直截了當的告訴對方，自己已經掌握所有指示。收件人也應該透過回覆，對內容進行二度確認。

從剛才的例子來說，有時候會收到「我了解了，會提前準備好提案書」這類只回答部分的回信。指示方看到這樣的回覆，可能會擔心，「他有看到附件嗎？」或是因為對方只回覆一半而感到惱怒。假如真的很不放心，建議可以改變表現方式，再重新寄出一封新的會比較好。因為以收件者的角度來說，若是重複收到兩封一模一樣的信，很容易會將第二封誤認為是系統送錯信，而忽視內容，或是又回覆一封完全一樣的內容。無論是哪一種，雙方的關係都會因此變差。

我個人在回覆指示、委託、安排會面、演講、聚會等信件時，會加入關鍵字再回信。這樣做，更能夠將信件往來可能造成的誤解降到最低。「我了解了，十二月十日的演講，就在池袋的〇〇前舉辦。」大概像這樣。這麼做，除了促使對方進行二度確認，也能在自己的腦海中留下重要資訊。當然，在回信時，可別忘了將重要項目輸入行程表等管理工具中，與電子郵件並用，一定能成為行程計畫上的萬全組合。

3 如何防止指示不清楚，而引起誤解

只要懂得活用上一節提到的原則，就能聰明應對主管或客戶不夠清楚的指示或委託。上一節提到，指示或委託的內容，要盡量以「○點之前」這種明確的指示為主，不過，自己收到的指示或委託，可能不見得會寫這麼清楚，「○○的相關資料會在明天上午寄達，還請確認之後回覆。」像這樣的委託內容，實際上也是有截止期限的。

「沒寫出來，我怎麼會知道！」要是能拒絕的對象也就罷了，但要是自己因此被當成不遵守截止期限的人，那可不是鬧著玩的。所以，遇到這種情形，可以這樣回覆：「感謝通知，明天上午相關資料寄達後，我會在下午五點之前回覆您。」只要回信時具體提出自己方便的時間就好。

收到不夠清楚的指示，總是會讓人想問清楚：「是明天幾點？」、「該確認哪些內容？」但這麼做，會讓對方（大部分情況是主管或客戶）覺得被冒犯，容易直接影響到對你的印象。再說，對方也很可能會跟你說：「那下午三點前。」提早安排一個他方便的時間。

光是改變一下回信方式，既能顧及他人面子，自己也方便執行。

越是重要的事情，越不會寫在信件中

看到這樣的標題，有些人可能會覺得怎麼可能，不過，這確實是目前令我最困擾的一個問題。

這可能是日本獨有的文化，在有新的演講或專案企劃時，似乎都會有起始會議這類事先會面、打招呼的場合。可能是想確認共事者的為人，或是想偶爾離開辦公室喘口氣，原因我不太清楚，但在討論過程中必定會出現一句：「我會先去和對方打聲招呼。」在我的印象中，美國人幾乎沒有這樣的規矩，大都是透過電話聯絡。考慮到交通上需要耗費的成本和時間，這樣的選擇也是理所當然。

事先會面，還可以拿到對方的伴手禮，對平常沒什麼機會離開辦公室的上班族來說，倒也不是什麼壞事，但令人困擾的點是，在見面時所收到重要的紙本文件。

這類資料由於之後無法透過電子郵件搜尋內容，只能尋找相關紙本文件，或是自己掃描，為紙本文件建立ＰＤＦ檔案，在電腦上比對瀏覽。假如要用來製作成PowerPoint檔，在輸入活動名稱時，還得由自己手動輸入才行。

這樣的文化形態，無論是否來自重視實體資料的結果，確實有它不方便之處。我認為，越是重要的資料，就越應該考慮到其活用性。

寄出信後先檢查寄件備份

接下來，讓我們把話題拉回寄信時可能發生的問題上。

寄信時的小失誤，包括搞錯收件人、漏發附件、弄錯附件、寫錯主旨等，這些情況自然是能免則免。不過，假如每天必須處理大量信件，或多或少還是會出現上述差錯。

既然已經不小心出錯，那就該著重在迅速發現錯誤，並採取應變措施。例如，當發現自己搞錯寄件對象時，就要在對方打開郵件之前，先行寄出一封「剛才那封信是我寄錯了，請不用點開，直接刪除即可」，就可以即時消除對方的疑惑。或者，在不小心漏發附件時，也要趕在對方回信詢問之前，自己再重寄一封，並表示「剛才那封信我漏了附件」，避免浪費對方的時間。盡可能及早應對處理，這也是盡量將傷害降到最低的方法。

我比較建議的做法是，將自己的信箱填入CC或BCC欄位，確認自己收到的副本，前往寄件備份資料夾，點選最近寄出的郵件確認。

像這類寄件時所發生的小失誤，無論採取任何方法都難以完全避免。不過，在Gmail的內文中，如果有提到「附件」兩個字，但在傳送時沒有夾帶任何檔案，系統就會主動提示，「要附加檔案嗎？」、「您在郵件中提到附件，但是並沒有附加檔案，還是要傳送？」

如果你打算自己挑選郵件軟體，最好選擇具備提醒功能的類型。我選用的郵件軟體，即使內文只寫到一半，也可以隨時確認附加檔案的內容是否正確，是很方便的功能。當然，企業內部選用的郵件軟體不一定都具備這些功能，但如果企業強硬要求員工只能用規定的軟體，那未免也太不近人情。

剛才已經介紹過能有效防止郵件傳達不良的方法，以及發生傳達錯誤之後的應變措施。雖然我不認為電子信件是溝通的最佳管道，但可以肯定的是，活用這項方便的工具，能更輕鬆的完成工作。

然而，無論我們透過什麼樣的方法，多少還是會出錯。有時候正確傳達給某個人，另一個人卻解讀成完全不一樣的意思，這類尷尬的狀況也算是常態。

損害降到最低的終極方法——將話語做成文件

耳朵聽到的資訊是一瞬間的。無論人們有沒有確實聽到，它都會消失。所以，我認為最好盡量將工作上的傳達事項視覺化。實際方法除了信件，也包括前面提到的心智圖。即使需要花些工夫，但將資訊轉為心智圖並共享，才能降低誤會發生的可能。或者，運用自己的雙手和紙筆，用圖形、插畫等形式來傳達訊息，也有助於防止誤會產生。

我發現有很多人會用網路上找來的圖片或照片，直接製作成資料。但如果你想提升自己的創造力的話，我建議還是不要這麼做比較好。

許多現成的圖片和照片，確實可以隨意免費使用，而且製作出來的成品，看起來也比較美觀。但是，使用現成的東西，就等於削減了自己的創造力。在工學領域，我們戲稱收集和組合材料的工程師為型錄工程師，不過對一般上班族來說，透過收集和組合的方式，可能也無法創造出附加價值。即使有些笨拙，但用自己繪製的插圖和拍攝出的照片，最終能收穫的成果，可能會是原本的數倍。

第七章

防呆，建立一個誰都不會出錯的機制

1 別再被「不經意的錯誤」嚇到直冒冷汗

前面也有提到過，我否定以注意力為重，採取預防對策，以避免出錯的觀點，我認為，不該仰賴人的注意力，而是要打造出在必要時喚醒注意力的機制。即使真的採取了喚醒注意力的做法，最大的問題仍在雜念。正如各位所知，無意識浮現在腦海中的想法，占據了大腦大部分的活動區域，並且會干擾正常的運作功能。

早上出門的時候，跟家人吵架了；信用卡的扣款期限就是明天，好擔心帳戶裡的餘額還夠不夠；家裡孩子發高燒，急忙麻煩家人照顧就去上班等。即使知道煩惱無濟於事，也想把這些念頭趕出腦海，但腦部就是會有好一陣子被這類事情占據。除了這類私事以外，還包括工作上的雜念，結果就是讓雜念又影響到工作本身。

某一家鐵路公司，在發生事故之後，將原因判定為「沒做確認」，因此在沿線車站引進了指差確認（用手指向目標、出聲呼喚來確認）機制。但是，這樣的措施在車站並未受到好評，也有員工反應：「因為要特別留意指差確認的步驟，沒辦法全神貫注在駕駛上。」於是，這家鐵路公司開始與大學合作，研究如何有效落實指差確認。結果發現，當被規定的項目太多，人們就會開始分心，以至於適得其反。也就是說，過於去強制喚醒注意力，對人們不僅無用，反而還可能引發危險。

避免注意力渙散的方法

想要保持注意力，最基本的，就是盡量避免在工作上，撒下讓注意力分散的種子。例如某個主管，對部屬說了一句：「我有重要的話跟你說，下午一點到會議室來一趟。」可能真的有什麼要事，或者其實是有些不想當場說破的話也說不定。但被丟下這句話的部屬，很可能會反覆想著「到底是什麼事情？」甚至開始反省自己的行為，或是想著是不是給誰添麻煩了等，對眼前工作的專注力會因此下降。

工作上盡量避免使用可能讓人不安的說話方式。

想辦法救救健忘的自己

有關「注意力不足」可能帶來的其他失敗因素，還有健忘。

「我一不小心就忘了。」就是最常見的那種，或是接到電話，聽到對方說：「記得今天我們好像是約下午兩點……。」才發現自己不小心爽約，五臟六腑都急得像是被擠成一團。

當忘記某件事情時，就是因為潛意識中有「我應該會記得吧？」、「應該會注意到吧……。」這種過度自信的想法。

我們周遭的環境已變得相當複雜。例如一九九〇年代所流行的萬用手冊，在當時，萬用手冊是個能夠為忙碌的人，管理好行程的劃時代發明。在這之前，我想應該只需要一本簡單記事本，就足以應付大部分的狀況，過去的生活就是那麼單純，每天都在同樣的時間出門，每年只會做幾次跟平常不同的事情。即使沒有寫在記事本上，也能深深記在腦海中。

我本身只會將記不住的電話號碼等資料，寫在名片大小的紙上，並對半折後放進皮夾裡，這麼做也足以應付大部分的狀況。但時至今日，我除了手機的通訊錄之外，也會利用行程管理 App 來整理、規畫每天要做的事。因為，現在的生活過得比以前還要複雜，包括我自己創立的 SYDROSE LP 和失敗學會，在東京大學針對環境安全，以及一些有關程式設計的研究。

失敗學會每個月都會舉辦一次活動，上半年在上智大學教一堂課，下半年則是在東京大學和關西大學，再加上一個月要出席一次日本消費者廳的安全調查委員會，還要去九州工業大學，花兩天的時間進行集中授課……這些行程加起來，實在很難整理規畫。因此，一旦確定這類行程或日期後，我會立即輸入到行程管理 App，我甚至會盡量在往來討論的過程中就輸入進去。

我曾經覺得在會議上或應酬時拿出手機，是件很失禮的事，所以會後才將敲定的行程或日期等項目輸入到 App。但後來發現，有時候只是過了短短幾十分鐘，我就忘記剛剛的談話內容，所以我現在都會毫不客氣的拿出手機開始打字。當然，一對一會面的時候，會先徵求對方同意。身邊的人可能大都也熟悉我的做事習慣了，有時還會主動叮嚀：「你要記得輸入手機喔！」有些人甚至還會主動等我把手機拿出來。

我想說的是，健忘其實就是另一種的行程管理不良，與其防止自己健忘，不如思考如何做好行程管理。以我來說，只要把相關資訊輸入到 App，系統就會主動寄送提醒郵件到我的信箱，以防止自己忘記重要的行程。

有些人依賴的不是工具類 App，而是記事本。當然，每個人的習慣都不同。使用記事本的人，除了會寫下行程之外，大都也會不時寫些小筆記來記錄其他事，雖然無法有搜尋功能，但就速度和便利性來說，完全是記事本略勝一籌。只不過，習慣使用記事本的人，由於沒有提示系統，因此就需要自行建立機制，以定期打開記事本確認行程。

2 別讓自己有機會誤解情況

在注意力不足這個項目的最後，我要特別提到誤解情況。簡單來說，這邊指的就是現今的低頭族，他們往往難以察覺周遭的變化而犯錯。

我很喜歡在演講時，用某一段影片以說服觀眾，人的注意力有多麼不可信。假如有讀者也想挑戰看看這段影片，可以去 YouTube 上輸入關鍵字「Awareness Test」，應該可以找到一個開頭有黑白兩隊橫向並列的影片。

在看這段影片時，我們會按照影片開頭的指示，計算白隊的傳球次數。黑白兩隊交互傳球的過程中，應該有不少人會算錯，但在過程中，你是否有察覺到在影片中發生了另一件事？

這段影片是在二〇〇八年，由倫敦的影像製作公司 WCRS 所拍攝，被倫敦交通局用於宣導，在移動中人們如何忽略腳踏車的存在，以提升汽車駕駛的交通安全意識。這支影片跟曾於二〇〇四年獲得搞笑諾貝爾獎（Ig Nobel Prize）──《隱形大猩猩》（*The Invisible Gorilla*）的影片十分相似。

這些誤解情況，與健忘雷同，也是因為我們高估了自己的能力，若想防範，並非加強行程管理就能解決，倘若真的離不開手機，哪怕必須犧牲一點便利性，也該制定出不讓自己一直滑手機的規則。

如果你依然無法停止當低頭族，並想親身體驗誤解情況可能帶來的後果，你可以看看美國國家公路交通安全管理局（NHTSA），以及世界各國所拍攝的相關影片。其中包括司機因為低頭滑手機而分心，沒有注意到前方的「STOP」標誌，或是在駕駛中因為同樣原因發生事故，最終釀成慘劇。

近年來，許多行車記錄器所拍攝下的影像，會被上傳到影片分享網站，我們可以發現，除了日本之外，低頭族的問題，都在全球先進國家中逐漸蔓延。

請千萬別忘了一件事，人類的能力是有極限的。

當我們因注意力不足而犯錯時，經常會用到「人為錯誤」這個詞。這樣的稱呼方便歸方便，卻也可能使人們錯失改善良機。希望正在閱讀本書的各位，也不要輕易使用這個詞來解釋周遭發生的狀況。

人為錯誤，是改善系統的絕佳機會

簡單來說，人為錯誤，就是將錯誤的原因，直接歸納成為人們的疏忽。但這也表示相關系統太過仰賴人力。依賴人力的系統，在人們注意力不集中時，就會再度引發類似的問題。舉例來說，這個系統是否能在人們綁住手的狀態下運行？是否可以在人們閉上眼睛時繼續運作？在人們摀住耳朵時，是否也能持續運轉？是否能在人們酒醉的狀態下運行？

假如這當中有任何一項的答案是「沒辦法」，就表示這個系統太過仰賴人們的頭腦和感官。只要不改善這樣的狀況，就無法降低人為錯誤的風險。事實上，會發生事故的化學工廠所使用的系統，就是太過於依賴人們記憶與邏輯思考。

閥門關上之後要上鎖，然後關閉驅動源的空氣閥……這些過程，原本都是仰賴員工自發性的動作。只要我們持續仰賴人們的記憶和邏輯思考能力，就無法完全消滅人為錯誤。請務必從這個角度進一步考量，如何根除因注意力不足所造成的失誤。

專欄3

怕忘記帶票卡夾，就先掛在門把上

在本書中，我們以「發生錯誤之處，可能顯露出系統的缺失」，為主要角度來談論各方面。希望各位不要誤會，系統化並不等於電腦化。

二〇一九年的夏季，橫濱海岸線發生一起無人駕駛電車引發的逆行事故。抵達終點站的電車，通常會在折返後再度發車，但該輛列車卻繼續沿著軌道前進。這起事故報導一出，震驚整個日本社會，後續仍未釐清是因為系統發生錯誤或是出自人為疏失。

雖然無法掌握這起事故，是否為過度依賴電腦系統而引起，但如果將系統化與電腦化混為一談，我認為今後類似的事故，將會逐漸增加。為什麼？因為電腦偶爾還是會出錯。

請回想一下一九九〇年代的 Windows 作業系統。你是不是也曾遇到電腦突然當機，或是自動重新啟動？相信不少人都遇過，資料編輯到一半，檔案卻突然消失。科技發展至今，這樣的狀況已經大幅減少，但有時候還是會出現零星的系統錯誤。

如果過於相信電腦，打造出的系統最終必會出錯。零件遲早會毀損，燈泡遲早會燒掉。近年來，汽車的核心部分普遍電子化，煞車性能與電腦運作息息相關，但誰也無法保證電腦不會出差錯。

系統化的訣竅在於，思考出不會造成失敗和錯誤的機制。例如為了防止自己忘記帶東西，習慣把票卡夾掛在玄關大門的把手上。本書中所介紹的系統化，重點在於尋找活用人與機器專長的機制。

第八章

正確分享錯誤，就能提升你的個人評價

1 創造一個分享錯誤的團隊

失敗學的目標，在於把失敗當作一種財產和團隊分享。

前面我曾談到，失敗是可預見的。因為每個失敗幾乎都有其共同點，你可以把自己的立場，套用到已經發生的某個失敗例子上，就可以提前預防。

在我先前的著作中，介紹過發生在二〇一二年，日本笹子隧道天花板崩塌事故，其實類似的事件，美國在更久之前就已發生過，而東日本大震被海嘯沖刷的地區附近，早已立有一座「家宅切勿建於此之下」的石碑。過去曾發生的問題，可能在你我周遭再次上演。或許相似度沒有前述的案例那麼高，但從他人的錯誤中正確學習，必定能幫助個人與團隊成長。

人犯錯之後肯定想隱瞞，不過我認為，多數富有幹勁且成長性高的團隊，不會過度放大錯誤，更不會斥責。成員們會動腦思考，如何透過團隊力量，把已經發生的扣分失誤挽回，甚至加分。在這種風氣下，大家就不會隱匿失誤，反而會積極和周遭分享，並找到更好的解決方法。

假設你是一位物管人員，負責從下訂到交貨等的管理工作。每天一早必須在確認型錄後，訂購所需資材，結果某次在上班途中，被重大傷亡事故給耽擱。期間雖收到來自對方的信件跟確認電話，但因為還沒進公司，沒有辦法確認。到了中午總算進公司，趕緊計算需要的量後便發訂，結果卻收到對方回覆：「因為您下訂的時間太晚，很難保證可以如期交貨。」這時你腦中閃過最糟糕的情況。像是如果沒有那些資材，不但自己的工作受到延遲，全公司不少同事的工作也會受到影響，以及這個月的業績，恐怕也會下降到很可怕的程度等。冷汗直流等了一小時之後，最後對方以專案的方式，同意配合你指定的交期。

對負責下訂的人員而言，因為成功制止錯誤擴大，從大方向來看算是順利處理。但這一連串應對方式，會因為團隊的氣氛與幹勁而有所差別。例如富有幹勁的團隊，在事件告一段落後會進行分享，同時朝著「如何防止同樣事件再發生」

的方向去積極思考。例如，這種重要到能左右業績的資材分配工作，居然只有一個人負責處理，萬一該人員無法應對時，也沒有任何代理人員，以及時間太趕……這次雖然在千鈞一髮之際趕上了，可是這樣的業務機制充滿了風險。團隊會討論制定策略以降低公司風險。

若是發生在遇到錯誤會加以斥責的團隊，像這樣的小錯誤，很可能就不會報告。如此一來，肯定每天都在上演類似問題，也因為內部氣氛不好，離職率自然會上升，一旦負責人離職，相關業務就可能停滯。

講了這些，或許各位會覺得，能否成功分享錯誤與失敗，與團隊氛圍有關。但如果你願意多費點心思的話，無論現在身處怎麼樣的環境，只要透過分享錯誤，都能讓團隊成長。

2 建立失敗資料庫

分享信件，其優勢是能將溝通過程中的疏失，毫無保留的分享給所有人。

小規模的公司，對外往來不會太過複雜的話，理論上固定一個共用信箱就可以了。透過共用信箱寄信，可以輕鬆的把相關內容分享給關係人。這樣在寄信時，也只需要在內容寫上給該組織的哪位就好，即便之後對方離職，也不會有所影響。像是由數名管理者承接外部的業務後，再分配給公司內部人員進行，或是聯絡對象是收發訂單窗口等業種，都相當適合這種方式。

如果已經用個人信箱進行往來的話，建議對外回信的時候，務必將共用信箱加入ＣＣ，這樣共用信箱的所有人都會收到。利用這個方法公開業務內容，來降低風險，但這個方法有個問題，那就是對方在回信時，必須使用全部回覆。通常在收到有CC的郵件時，習慣上維持原有的CC來回覆，但偶而還是會發生對方只回覆單一個人的情況。

分享對外的聯絡信件

對已經收到對方回信的人而言，可能不太會去注意對方有沒有CC共用信箱，為了避免這個情況發生，我建議把自己所有收到的來信，設定自動轉寄至共用信箱。現在的軟體都很方便，只要對方透過全部回覆來回信，共享信箱的名稱顯示便會統合成一個。

不過從寄件者的角度來看，或許會疑惑，為什麼信件被轉送到自己指定信箱以外的地方。這部分我建議將設定自動轉寄的信箱顯示名稱，修改成「Replies-to-all」類似這樣的名字。像這樣把信件設定共享後，就能把錯誤也分享出去。

前幾天，一個剛成為管理階層的新創企業員工，向我提出了以下問題：「我是第一次有自己的部屬，其中有個部屬雖然坐在桌前，但工作感覺常跟不上進度。跟主管商量該怎麼解決的時候，他建議我請他提出工作日誌，可是請他這麼做之後也沒有什麼起色，想請教寫工作日誌究竟有沒有意義？」

工作日誌有用嗎？

我認為，工作日誌本身沒有優缺點，它就只是個系統。好好使用當然會有效果，但如果將它當成一種必須繳交的功課，就失去原本的意義了。此外，內容也容易受到書寫者的影響而有所不同，同樣一整天的作業情況，有人選擇井然有序的記錄，自然也會有人僅寫下大致情況。

工作日誌的效果主要是：

1. 了解工作方向是否有誤，導致增加不必要的作業流程。
2. 是否有因不理解工作要領，而影響作業效率下降。
3. 了解壓力的成因。

4. 可隨時了解心理狀況。
5. 本人達成了多少成果。

重點在於，不要把它視為一種自上對下的管理方式，再來，工作日誌不應該只給主管，應該也要分享給同部門的同仁，並且讓每個人都能留言，以此凝聚內部的向心力。

輪班制的職場，也很適合分享工作日誌。

我剛踏入社會不久時，曾在瑞士蘇黎世郊外的萊布施塔特核能發電廠，擔任運轉實驗工作成員的助理工程師。工作時間是二十四小時的三班輪班制，主要工作是針對已經計畫好的實驗項目，逐一進行測試。

各輪班的班長會將已完成的項目逐一寫在日誌本上，並交接給下一班的班長。這也算是工作日誌的一種。當時還是手寫，所以日誌本裡充滿了滿滿的人情味。交班的時候會按照交接程序，聽口頭報告，可是時間一久常會發生「呃……前一班的人做到哪啦？」的情況。這時候只要重新看日誌，就能了解現在的進度，非常方便。

工作日誌除了工作進度、完成的事情以外，記錄已經嘗試，卻沒達成的事項也很重要。請抱持「這些經驗能讓下次做得更好」的想法，來應對犯下的錯吧。之後若對這些問題，想好對策時，請記得廣發通知給公司內部。

建立資料庫

我將簡單介紹一下失敗學會沿用至今，有關分享錯誤的方法。

失敗學會將約一千六百件有關工業事故案件的資料及考察，收錄於失敗知識資料庫，並公開於學會的網站首頁。這樣的做法原先起於二〇〇二年，日本文部科學省（類似臺灣的教育部）的一項重點專案，在二〇〇五年時，由科學技術振興機關所對外公開。之後在二〇一一年時，因日本民主黨實施行政改革，使得這項服務一度中斷，之後由時任失敗學會會長畑村的畑村創造工學研究所接手，把資料公開在其網站首頁上。目前則是由失敗學會進行整體管理及經營。

失敗知識資料庫，並沒有進行搜尋引擎最佳化（search engine optimization，簡稱SEO），但是一天仍約有兩千多人的瀏覽量，相信對大眾應該還是有所助益。

所以，我認為如果團隊真心想從失敗中學習，那麼建立失敗知識資料庫，並進行內部分享是最有效果的（不一定要開放給一般大眾瀏覽）。在發生問題，並處理到一定段落後，詳細記錄事件的概要、問題、起因、應對、後續處理方式、以及學習到的事情。

這部分有三點需要注意，第一點，就是紀錄必須對之後的人派上用場。假設有份文件檔案，放在誰都能自由閱覽的地方，卻沒有告知裡面有什麼資料，那這裡就只是個堆放書籍的失敗圖書館。重點在於要易於搜尋、統計處理。

為了實現這個部分，失敗知識資料庫就必須將案例，以下面三種要點記述：原因、行動、結果，透過三階段闡述經過（我將這部分綜合稱作「腳本」），同時敘述上必須連續使用簡短的統一措辭。

假設有個狀況，是因為不知道要先關上壓縮空氣閥門，才能打開檔板，結果導致漏油。那麼大致腳本如下：

原因：無知—未按照順序。

行動：順序錯誤—未關上空氣閥門—打開檔板。

結果：噴出油—火災。

至於為什麼要統一措辭，例如原因是「不知道」的狀況，但在其他的例子，是以「無知」來記錄的話，會難以分辨出事件之間的關聯性。因此才統一把腳本內「不知道」的概念，統一以「無知」兩個字記錄。而當敘述越詳盡，就越難統一措辭，我建議製作一份詳細的同義詞表來對照。

第二點是明確記載「因為做了什麼」，而導致失誤。透過分析，試著找尋相似性、關鍵起因，並不再犯同樣錯誤。也就是在發生事件之後，思考到底發生什麼、造成此事故的背景因素、過去是否也曾有類似情況等。

每天忙於工作的人，例如制定商業計畫、規畫新的行銷企劃、為開發新客戶進行事前演練的人員等，他們不一定有時間從資料庫中，找出先前的失敗經驗，並跟自己正在構思的點子進行比較，確認自己是不是在重蹈覆轍，所以只要明確寫下「因為做了什麼，而導致這樣的失敗」，那麼就能在事前知道，「之前有人抱持類似想法，後來卻沒成功」。案例越接近正在進行中的業務方向的話，就更能成為參考。

第三點是最耗費心神的，就是收集案例。即便向技術人員說：「幫忙記錄一下。」雖然他們會回答：「好喔。」但是很常遲遲沒有動筆。明明能在社群網站上輕鬆愉快的發貼文、回應，但談到失敗案例時，他們的指頭卻怎麼也敲不了幾個字。

關於收集案例，某家企業的做法，讓我個人很是佩服。他們不是請當事人親筆記錄，而是編制一個案例編撰部門，由該部門的成員，向當事人進行訪談、收集情報，來編寫完案例。

要是強迫原本就沒有意願，個性又粗枝大葉的工程師來寫，大都會是些生硬的文章。另外，讓本人來寫的話，多少都會加以粉飾，或是隱匿關鍵事物，但透過訪談就可以深入挖掘，甚至能得到當時心境的詳盡資料。

若無法調派人員進行這項工作的話，可嘗試仿效社群網路的方式，根據公司內部的反應（例如按讚次數）來進行嘉獎（給予獎金或是提供餐券等），或是禁止給資料庫裡的案例負評，也可以舉辦失敗評價比賽等，規畫出讓人忍不住想留言的機制。

要完善一套資料齊全的資料庫，得花上好幾年的時間，但我相信得到的回饋，絕對遠大於事前的付出。

3 汲取「他人的錯誤」，是最有效率的成長

本書著重在如何克服自己的錯誤及失敗，進而提升個人評價。而更快更有效率的方式，就是「借鑑他人，矯正自己」。

在公司裡，相信都會目擊到其他同事正在向主管報告自己的疏失、或是被責罵的時候。由於當事人最先承受了責難，所以能從失敗中學習最多的都是他們，而對其他人來說，這是個避免重蹈覆轍的機會。例如，你發現有個人跳過了某個必要的程序業務時，為了避免發生相同錯誤，你會默默的再次確認。能在問題發生前就先預防的話，肯定比發生後再處理來的有效率許多。

但畢竟是別人犯的錯，其學習的意義跟效果都將大打折扣。例如二〇一八年，大阪北部地震時，高槻市內某間學校圍牆倒塌，導致女童被壓死。當時掉到

路過女童頭上的圍牆水泥塊是後來加高的。圍牆高度約三．五公尺，長約有四十公尺，據說就是從原先圍牆，與之後加高部分的連結處崩塌的。

反過來看一九九五年的阪神大震災中，有超過一千件以上的圍牆倒塌案例。當時的規模是京都五級、大阪四級。這種規模的震度，卻造成如此驚人的災害，明顯就是未做好預防措施。日本文部科學省在二〇一五年頒布的「學校設施維護管理規範」中，明定該所小學須定期檢查。實際上，相關業者也在二〇一四、及二〇一七年檢驗過兩次，卻沒有發現倒塌的圍牆早就違反建築基準法一事。雖然有著嚴格的法律跟規範，現場仍未能確實遵守，這點和日本近年製造業發生的數據造假案有類似之處。在那之後，高槻市針對圍牆高度設立了上限，但因地方預算有限，無法強制執行。

如果你附近有像這樣的圍牆，萬萬不要等到地方政府實施政策。雖然拆除自家圍牆，費用確實得自付，但想想看，圍牆倒塌可能造成的傷亡，且如果一再發生相同事故，你就百口莫辯了。

二〇一九年九月時，我正在某大學工學系裡，一個有著「環境安全管理室」

響亮招牌的地方打工。工學系的研究、實驗，都伴隨一定程度的危險。例如真空、放射性物質、爆裂物、可能對健康造成威脅的危險化學物質、或基因改造生物等，很多最先進的研究只要稍有不慎，便會發生事故。

不要因為「記憶風化」，而讓一切前功盡棄

其中最難處理的，就是來歷不明的試劑。通常在整理研究室，或者清掃教授實驗室時，很常會看到裝有不明液體、沒有標籤的小瓶子。

這些來歷不明的試劑，不能隨手丟棄。像是爆炸性物質硝化甘油、易燃物質金屬鈉、或是特殊化學物質硫酸等，都可能是這種來歷不明的試劑。

常在《毒性及關注化學物質管理法》中出現的氟化氫（氟酸），也是失敗學的常見案例。

「剛開始使用氟酸進行蝕刻工程（用以觀察鋁金屬的結晶組織，於切削的表面上塗抹蝕刻液後，用水沖洗）的時候，我還會認真的遵循企業的教導，套上兩

層藥品用手套再作業，但在學生世代輪替，熟悉這個過程之後，我也不知不覺會徒手接觸裝有氟酸的瓶子。

「某天晚上，我的大拇指劇烈疼痛，隔天到醫院檢查後，發現遭到氟酸燒傷。從指尖注射鈣離子兩個月後終於痊癒，卻因處置過晚，手指骨頭已經受到影響，仍必須切除。」這是出自日刊工業新聞社刊《延續、實際的設計》的部分內容。網路上也有部分導致死亡的案例。

由於這些東西具有高度危險性，因此需要透過像是X光分析裝置、光學分析儀器，來查明它們的成分後再決定如何棄置。這項作業雖然會耗費不少資源，但安全至上。

這樣的風險時常發生在各種地方，尤其這幾年，還曾發生過得出動超過十臺消防車的事故。所幸最近加強了安全管理，盡力減少來歷不明的試劑數量，並強化安全教育，成功減少發生火災及爆炸的次數。

減少意外發生後，或許會有管理層考慮刪除有關環境安全的預算吧。如果刪減預算後，還能做好安全管理自然最好，只是若沒有特別重視安全的經營者，團隊內也將不會有安全管理的概念。

最近常因下大雨而出現自然災害，雖出現是否應擬定對策的熱潮，但在長年的和平日子下，安全對策的預算仍遭到刪減。我不希望再度發生像東日本大震災的地震，更不想看到有人員傷亡。

為了平安解決偶發的重大災害，我認為需要建立一套即便人們淡忘，也能妥善保存經驗的機制。我常忍不住覺得，這些非人為事故的發生，就是提醒我們要提早做好準備。

4 出錯了，有時能幫你找到自己的特色

前些日子，我有幸參訪製造生產安田式遊具（按：兒童遊樂設施）的公司，以及實際訪察幼稚園兒童使用這些設施的機會。安田式遊具，為已故的安田祐治，花費多年時間所開發的遊具，與一般的自是截然不同。

例如，爬上像是立體格子鐵架的複合遊玩設施時，會發現攀爬梯的間隔並不相等，溜滑梯兩側扶手寬度的設計也比一般還寬，讓人無法扶住。不光是造型，連他們的理念也很特別，他們強調能讓孩童們無拘無束找尋自己的方向。

他們請教幼稚園老師，是否有孩童因為玩了這些設施後受傷，老師們都說有，但同時也得知，這些孩童在升上小學後的體能高人一等，並順利培養出他們的禮貌觀念。現今害怕孩童受傷，使得這種設施正在逐漸消失，但我非常欽佩這

個設施。

我認為，即便長大成人，人生仍需要適度的跌倒，才能持續成長茁壯。我忍不住會想，若完全沒經歷過失敗或挫折，人的個性或許將朝著奇怪的方向發展也說不定。所以，若是站在培育後進的立場，你眼見新人或年輕人就要失敗時，就讓他失敗吧。

假設讓一個剛進公司不久的新人負責郵件對應窗口。這個位置會面對外面的客戶、承包商等，需要經常進行聯絡及確認的重要職位。你不用對新人說：「你也試著回信看看。別忘了加CC。」因為這樣會給新人過大的壓力，也不要因為這樣，就預先準備因應各種情況的郵件內容範本，要他們依照情境使用。

雖然這是最有效率的做法，但對培養成員的獨立運作、或是辦事能力來說，就不一定了。這時候就告訴他們：「試試寫個草稿吧。」到時候再幫忙檢視並修正，若有理由，也要一併告知。透過這個方式，讓新人培養出屬於自己的一套郵件文章。

修改新人文章的重點在於，保留他們的表現方式。即便是你不會使用的方式，只要意思對了，也要尊重他們的用法。這種在表達上的不同感受，能展現他們的個性。

即便這麼做會出錯，但還是要讓他們嘗試。畢竟在這個時代，即便是新人，經驗也可能已經相當豐富，或許他們的處理方式更為巧妙。你一直以來深信的常識，有可能已經是過時的方法了。

確實，等對方有困難的時候再加以協助，需要教導者有耐性，但效果相當顯著。對新人而言，自己思考並設法處理，不但能培養出他們的自信，萬一陷入困境時，他們也會更珍惜那雙伸向自己的援手。

附錄

關於出錯，你必須理解的事

1 魔鬼藏在細節裡

在制定計畫時，我們總會設想一切順利。假設要規畫一套系統，正常都會先設想各個部分都能夠正常運作。雖然你想一次到位，但別忘了失敗隨時會發生。

「失敗隨時會發生，重點在於如何應對。」這是我為人做事的基本想法。

我曾在美國的核能發電廠從事技師一職。那家公司把值勤中應處理的所有作業程序，統合成一覽表，並編上了工作編號。每個人手上都有以星期為單位的出勤卡，上面記錄了工作編號和處理日期，以及該項工作花了多少時間等。

有一次，電腦程式模擬反應爐的緊急裝置啟動後流體的動向。在諮詢公司內部專門人士的意見時，他們都會先問工作編號。透過編號來管理工作，這樣可以

確實記錄下哪個人在哪項工作上花費多少時間。

想知道工作細節，只要仔細看看每個人手邊的出勤卡就可以了。當時我以為，這就只是透過人力管理，決定向客戶請款金額之類的東西罷了，但這些數字代表過去的經驗累積，而這些經驗，將在訂立新機種開發企劃時，會以「毫無預料的故障原因之應對方式」的名義，列在預算之中。這數字不是隨便寫寫，而是有其準確度。

我們的工作經常伴隨意外、差錯等，所以擬定對策的時候，一定要以此為前提進行。

2 不能有「就這樣吧」的心態

從錯誤中花心思去學習、思考，便能邁向成功與成長。所以一旦出錯時，請保有「我一定要從裡面學到東西」的心態。我希望讀者不要遇事就試圖矇混過去，但也不是要各位一味的執著於某件事物，就像股票下跌的時候，最重要的是看準時機止血出場。

坦誠面對，並從中盡可能的學習，這就是遇到挫敗時，不輕言放棄的訣竅。「我一定要從錯誤、失敗中學到什麼！」重要的是保持這種學習心態。

3 不要把一切都歸咎成「不小心」

只要是人，就會有不小心的時候。但即便這跟失誤有關，也不要輕易的把一切都歸為不小心。

若找尋因不小心，而造成問題的解決方式，那答案肯定會是「不要再不小心」。人都會有注意力渙散的時候，如果認真討論絕對不要疏忽的方法，恐怕答案只有別當人類吧。

人的注意力，有時渙散到會犯下巨大錯誤，但也能做到連電腦都辦不到的極精密作業，所以在規畫應對方法之際，請建立一個即使注意力渙散、甚至有所疏忽時，也不會犯錯的機制吧。

4 找到屬於自己的防呆機制

你的確需要謹慎想好應對方式，但若是採取與自己不合的方法，或複製他人的辦法時，結果有可能比什麼都不做還來得糟。

大型企業就是最典型的例子。常有採取了好幾種防止失敗的方式，結果大多數的流程都是做白工，甚至還增加了成本，因此，請不要試圖複製別人構思出來的機制。從錯誤中成長的關鍵，是要以自己的頭腦思考。照套別人想出來的方式，這樣一點意義都沒有。

如果看到很不錯的方法，加以模仿並修改，進而當成自己的方法也是不錯的選擇。重點在於透過自我思考，想出一套減少自己出錯的方法。

5 光想「我怎麼這麼沒用」，真的沒用

我們在犯了錯之後，常不禁會有這種想法，「唉，我怎麼這麼沒用」、「反正我就這點本事」。停止這種思考模式，換成「只是還沒發現怎麼順利進行的方法」、「在經歷這些挫敗後肯定能成功，我只是還沒達到而已」。前述提到，若從精神上，對自己說出這種責備、放棄的言論，不但不會有任何幫助，也不會達成目標跟得到正面評價。

失誤時，請嘗試以客觀的角度，想想怎麼樣才能避免犯一樣的錯誤，剛開始或許想不出什麼解決方式，這時就要多一點耐心，切記不要輕易在心中下結論。

6 任何防呆機制都要符合成本考量

針對失敗所採取的對策，不外乎是為了自我成長，或是使自己更接近目標。但再好的事物，如果花費的成本過高，就是本末倒置。這裡所謂的過高，並不單指金錢，還包含自己在內的勞動成本。

為了不讓行程表產生誤差，可能會想要僱用專職管理行程的祕書或是經理。這個做法確實最為有效，但前提是，自身的生產性必須遠超過僱用者的薪水才行。可以這麼做的人，我想只有一流藝人或公司幹部了。

如果是利用行程App，設定自己每十五分鐘，必須確認完當下的行程，才能前往下一個的機制呢？我認為，這會花費太多時間在行程管理上，會導致生產活動大幅減少，最終還是浪費了時間成本。

7 哪些錯，即使再犯也沒關係

從成本的觀點出發，會發現有些錯誤，即使重複犯也沒關係。就像前面第六點所提到的例子，以前述例子來說，或許可以想出其他對策，但如果只有這兩種方法可選，即便這樣容易發生錯誤，也只能先暫時不採取任何對策。

本書的目的並非防止犯錯或失敗，而是透過此來提升自我評價。因此，與其用拙劣的應對方式，不如選擇暫時不處理，但為了邁向成功之路，還是要嘗試構思出不用花費太多精力成本，就能達到顯著成效的行程管理機制。

8 企業不要完美表現，而是最適成果

專注追求成功、成長，或完美的人士，常會要求自己，「沒有突破自己的最佳紀錄，就是失敗」、「沒有做到最好的話，不如什麼都不做」，而旁人看來稀鬆平常的事情，他們卻常常出錯。因為這樣，造就他們對自己的評價，常比他人給予的低，也對自己、他人過於嚴苛。

工作畢竟屬於日常生活的一部分，或許自己覺得做出了最好的行動，但也會因為身體狀況不好、跟對方不太合等狀況下，導致自己對某些結果未能盡善盡美。這種情況下，就算老想著「到底怎麼做才好」，也很難想出替代方案。

沒有做到最好，就等於是失敗嗎？確實，能從容面對各種工作，拿出優秀結果的人，可說是社會人士的楷模。但為了做到這些，就等於要求自己在各方面都要保持在最佳狀態，坦白講，這根本是不可能的事。我認為的最佳表現，是即使身體狀況不好、在難以做事的環境中，也能做好當下的事。抱持退而求其次、不過度擔憂的心態。

如果可以把最佳的定義放寬，那在他人沒進入狀況，或請他人處理的工作沒有做得很好時，就不會生氣，反而會去想：「為什麼他會做出這樣的事情？」至於為什麼建議對最佳，抱持退而求其次的心態，除了人無法經常維持最佳狀態以外，還有別的理由。

我們常在家人、恩師、同事、書籍、電影、戲劇、以及電視時事評論家等各種人物的影響下，操控著自己人生的船舵。舉個例子來說，某一件事情，對你來說已經很好了，但對其他人並非如此，或者曾一度認為是最佳的事物，隨著周圍環境的變遷，之後也不覺得很好。

假設，你負責跟開發出劃時代軟體的某家公司進行大筆交易，但因雙方未能取得共識而告吹，後來因為這樣遭到主管責罵。正在消沉的你，卻看到那家公司的軟體有部分觸法的消息。

諸如上述的這些例子，最佳，會隨著時間、狀況有所改變，但不表示你就可以應付了事，重點是不要弄錯大方向，不固執於現階段的最佳表現。因應當下的情況，竭盡全力做到自己認為的完美，進而為人生帶來更多的可能性。

9 越挫越勇很難，但真的有效

有成功就有失敗，失誤和失敗經常環伺在我們周圍。講得直白一點，人會出錯是很正常的，倘若能夠面對挫敗，就可以控制住內心的動搖，也不至於為其他人的失誤動怒，同時還能把這種思考方式，告訴身旁的人。

有個人生格言是「越挫越勇」。能從挫折中奮起的人，他們的實力會有明顯成長，但我認為增長更多的，應該是他們習慣錯誤的能力。所謂挫折，就是經歷重大失敗後，失去幹勁或陷入低潮的狀態，通常會維持一段期間。能夠重新站起來的人，對於細微的失敗較不為所動，即便又陷入低潮，也能夠掌握一定程度的處理方式。

求職面談，有時會被問到是否曾遭遇過挫折，這個問題可以視為他們只是想了解求職者對犯錯的忍受程度。

俗話說不經一事不長一智，無論什麼事情，有過類似經驗，才能做出比較好的應對。從這點來看，習慣犯錯，也是非常重要的。

10 很多時候，你只是怕被罵

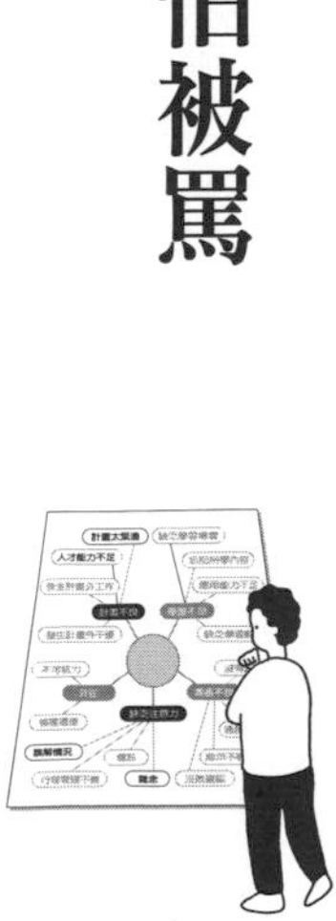

大部分的工作沒有辦法靠自己一個人完成。

工作中我們會遇到各式各樣的人，同時和他們透過某種程度上的交流，來完成工作。有趣的是，除了有受歡迎的人，也會有到處樹敵的人，但進入社會，就得跟這些人打交道。

因為工作關係，我們會跟不是很喜歡的人一起談話、工作，這中間或許會有壓力。但當壓力超過負荷，且占據了思考，甚至讓你抗拒上班的話，換工作也是一種選擇。

有時某些錯，對團隊或個人來說損失不大，就是處理起來十分麻煩，原因大都是因為我們置身在人際關係的巨大壓力中的緣故。除了要面對失誤以外，還得承受周圍人群犀利的指責，甚至互相推卸責任，心情當然會鬱悶。

請在犯錯後，嘗試跳脫主觀位置，客觀的眺望正在後悔煩悶中的自己吧。然後再思考，「為什麼被這個人命令就會有壓力」、「為什麼被這個人指責就很生氣」、「為什麼常常沒注意到這個人的指示」。重要的是，跟占據心中那股厭煩的心情保持距離，然後改變觀點來思考。

透過這種方式，讓自己跟失誤維持正常距離。在這類認知療法的過程中，也能夠幫助你有效面對職場霸凌、權力騷擾的狀況。

國家圖書館出版品預行編目(CIP)資料

聰明工作者都會的防呆技術：出錯時最糟的回應是「我下次會注意」！看看工程專家如何設計工作機制，犯錯不會被罵還能獲得好評。／飯野謙次著；林佑純譯. -- 初版. -- 臺北市：大是文化有限公司，2021.04
240 面；14.8×21 公分. --（Biz；351）
譯自：ミスしても評価が高い人は何をしているのか？
ISBN 978-986-5548-38-4（平裝）

1. 職場成功法　2. 思考

494.35　　109021293

Biz 351

聰明工作者都會的防呆技術

出錯時最糟的回應是「我下次會注意」！
看看工程專家如何設計工作機制，犯錯不會被罵還能獲得好評。

作　　者／飯野謙次
插　　圖／加納德博
譯　　者／林佑純
責任編輯／林盈廷
校對編輯／江育瑄
副 主 編／馬祥芬
副總編輯／顏惠君
總 編 輯／吳依瑋
發 行 人／徐仲秋
會　　計／許鳳雪、陳嬅娟
版權專員／劉宗德
版權經理／郝麗珍
行銷企劃／徐千晴、周以婷
業務助理／王德渝
業務專員／馬絮盈、留婉茹
業務經理／林裕安
總 經 理／陳絜吾

出 版 者／大是文化有限公司
臺北市 100 衡陽路 7 號 8 樓
編輯部電話：（02）23757911
購書相關資訊請洽：（02）23757911 分機 122
24 小時讀者服務傳真：（02）23756999
讀者服務E-mail：haom@ms28.hinet.net
郵政劃撥帳號 19983366　戶名／大是文化有限公司

法律顧問／永然聯合法律事務所
香港發行／豐達出版發行有限公司 Rich Publishing & Distribut Ltd
地址：香港柴灣永泰道 70 號柴灣工業城第 2 期 1805 室
Unit 1805, Ph. 2, Chai Wan Ind City, 70 Wing Tai Rd, Chai Wan, Hong Kong
電話：21726513　傳真：21724355
E-mail：cary@subseasy.com.hk

封面設計／陳皜、林雯瑛
內頁排版／顏麟驊
印　　刷／緯峰印刷股份有限公司

出版日期／2021 年 4 月初版
定　　價／新臺幣 360 元（缺頁或裝訂錯誤的書，請寄回更換）
I S B N／978-986-5548-38-4
電子書ISBN／9789865548506（PDF）
9789865548513（EPUB）

有著作權，侵害必究　　**Printed in Taiwan**

MISU SHITEMO HYOKA GA TAKAI HITO WA NANI O SHITEIRUNOKA written by Kenji Iino
Copyright © 2019 by Kenji Iino. All rights reserved.
Originally published in Japan by Nikkei Business Publications, Inc.
Traditional Chinese translation rights arranged with Nikkei Business Publications, Inc. through TOHAN CORPORATION and Jia-xi Books Co., Ltd.
Traditional Chinese edition published by Domain Publishing Company.